时间依赖变分不等式

的理论及应用

李 为 闫 莉 著

Theories and Applications
of Time Dependent Variational Inequalities

四川大学出版社

项目策划：毕　潜
责任编辑：毕　潜
责任校对：胡晓燕
封面设计：墨创文化
责任印制：王　炜

图书在版编目（CIP）数据

时间依赖变分不等式的理论及应用 / 李为，闫莉著
. — 成都：四川大学出版社，2020.9
　　ISBN 978-7-5690-3849-1

　　Ⅰ．①时… Ⅱ．①李… ②闫… Ⅲ．①变分不等式－
研究 Ⅳ．① O178

　　中国版本图书馆 CIP 数据核字（2020）第 175558 号

书名	时间依赖变分不等式的理论及应用
著　者	李　为　闫　莉
出　版	四川大学出版社
地　址	成都市一环路南一段 24 号（610065）
发　行	四川大学出版社
书　号	ISBN 978-7-5690-3849-1
印前制作	四川胜翔数码印务设计有限公司
印　刷	郫县犀浦印刷厂
成品尺寸	185mm×260mm
印　张	6.75
字　数	162 千字
版　次	2020 年 10 月第 1 版
印　次	2020 年 10 月第 1 次印刷
定　价	28.00 元

◆ 读者邮购本书，请与本社发行科联系。
　电话：(028)85408408/(028)85401670/
　(028)86408023　邮政编码：610065
◆ 本社图书如有印装质量问题，请寄回出版社调换。
◆ 网址：http://press.scu.edu.cn

四川大学出版社
微信公众号

目 录

第1章 绪 论

变分不等式起源于人们对数学物理问题和非线性规划问题的研究. 变分不等式在数学物理中最早出现于 1933 年, Signorini 研究线性弹性体和刚性体的无摩擦接触问题时就导出了被称为 Signorini 问题的变分不等式. 20 世纪 60 年代初, 意大利数学家 Guido stampacchia 等第一次用变分不等式来研究自由边界问题. 从此, 对于变分不等式的系统研究就开始了. 1964 年, Stampacchia 把 Lax-Milgram 定理从 Hilbert 空间推广到了非空闭凸子集上, 首次证明了变分不等式解的存在性以及唯一性. 20 世纪 70 年代, 变分不等式在最优控制、弹性问题、弹塑性问题以及经济等领域中被广泛应用. 20 世纪 60 年代中期出现了线性和非线性互补问题, 后来发展成有限维空间中的变分不等式问题, 从此变分不等式在力学、微分方程、控制论、数理经济、对策理论、优化理论、非线性规划理论和应用学科中被广泛应用. 20 世纪 90 年代, *Math. Programming* 杂志出版了非线性互补问题与变分不等式专辑, 这标志着变分不等式成为非线性规划的一个极其重要的研究领域.

变分不等式已经有了很多的推广, 包括: Hartman-Stampacchia 变分不等式, 这一变分不等式与优化理论和微分方程有紧密联系, 后来, Browder 改进和推广了 Hartman-Stampacchia 变分不等式, 并建立了 Browder 变分不等式; Lions-Stampacchia 变分不等式, 也称为椭圆型变分不等式, 主要用来解决偏微分方程中自由边值问题和具有单侧约束的定常力学和物理问题; 抛物型变分不等式, 可以用来研究类似 Stefan 问题和渗流中的某些问题; 似—变分不等式由 Parida-Sen 提出, 与凸数学规划中的一些问题紧密相连, 对似—变分不等式进行推广, 有了拟—似—变分不等式, 它与非线性规划及鞍点理论紧密相关; 隐变分不等式, 由 Ky Fan 和 Mosco 提出, 它与数学经济中的限制平衡问题密切相关; 算子单值推广到了集值的情况, 集值拟变分包含首先被 Noor 引入和研究, 后来 Chang 将它从 Hilbert 空间推广到 Banach 空间, 并在力学、经济学和结构分析等领域有重要应用; 向量变分不等式, 与向量值最优化理论联系密切; 随机变分不等式, 与随机方程的求解和不动点理论关系密切; 模糊变分不等式, 对于研究模糊对策和模糊不动点理论有很好的应用. 还有其他的一些变分不等式, 如混和变分不等式、演化变分不等式等. 近年来, 拟静态接触问题和动态接触问题成为了研究的热点, 大量动态问题的数学描述均为发展型变分不等式或发展型积分—微分变分不等式. 2006 年, 何炳生等[58]提出了可逆变分不等式的概念, 并指出交通控制、管理科学、经济平衡和能源网络中有很多控制问题可以转化为可逆变分不等式模型. 2008 年, Pang 等[31] 提出了微分变分不等式的概念, 将微分变分不等式与常微分方程联立组成了微分变分不等式模型. Li 等[44] 将混合变分不等式与常微分方程联立构成了微分混合变分不等式, 后来 Gwinner 等在这方面做了很多的研究. 经过几十年的发展, 变分不等式的研究可谓硕果累累, 在这里我们列举其中的一部分成果[1−3, 7−8, 41].

摩擦接触问题起初局限于刚体或者规则的弹性体之间. 1882 年, 德国人 Hertz 首先对弹性接触问题进行了研究, 并取得了重要进展. 后来, 很多学者针对不同受力情况和几何形状, 对接触问题进行了系统研究. 对于这类问题, 常用的数值模拟方法有有限元法、边界元法、有限差分法等. Ohtakate 和 Oden 等[4] 从变分原理出发, 建立了罚有限元方程, 并用于求解相关的无摩擦的弹性接触问题. Wriggers, Zavarise, Heegaard, Curnier, Simo 和 Laursen 由变分不等式出发, 建立了带有库伦摩擦、大滑动、非线性本构关系的接触问题的罚有限元公式, 并用变分不等式来讨论解的存在性和唯一性. 研究摩擦接触问题对了解结构的接触状态和应力状态有非常重要的意义. 弹性体的拟静态摩擦接触问题, 粘弹性拟静态、动态接触问题等都可以转化为发展型变分不等式.

摩擦接触现象在生活的各个方面都普遍存在, 如火车的车轮与铁轨之间的接触、刹车片与轮子之间的接触、活塞的摩擦接触等, 同时也广泛存在于建筑结构、水工建筑、港航、机械、铁道工程等方面. 这些问题研究起来比较复杂, 大多集中在静态模型. 当作用在系统上的力随着时间慢慢改变的同时加速度可以忽略, 因此拟静态接触问题就产生了. 近年来, 拟静态接触问题和动态接触问题已经成为研究的热点, 其中很多被描述成发展型变分不等式. 粘弹性材料或粘塑性材料组成的物体与刚性基础的摩擦接触问题在现实生活中比较常见. 粘弹性材料的本构关系十分复杂, 主要采用微分型本构关系和积分型本构关系. 物体与刚性基础的摩擦接触边界条件种类是相当多的, 有简化的 Coulomb 法则、Tresca 法则等, 在不同的粘弹性或粘塑性本构及摩擦边界条件下得到的发展型变分不等式也不同. 在工业上, 动态和拟静态的摩擦接触问题频繁出现, 特别是在发动机、汽车和变速器中. 因此, 越来越多的人研究处理摩擦接触的工程方面的问题, 我们列举了一些研究成果[9, 11−15]. 早期试图用变分不等式的框架去研究摩擦接触问题的文章可以参见[16], 更多的有关接触问题的变分不等式的分析和数值逼近方面的优秀文献见[17−18], 有关摩擦接触问题的最新的研究成果见[19−21]. 在[23]中展示了许多可以转化成一类发展变分不等式的粘弹性材料的拟静态摩擦接触问题. 在[28]中, 作者考虑了一个摩擦接触问题的模型. 在[29]中, 作者分析了一个带有普通可塑性的摩擦接触问题模型. 在[22]中, 作者研究了带有阻尼反应的接触问题. 在这些摩擦模型中都带有 Coulomb 法则, 并且材料假定有某些非线性粘弹性本构关系. 在[28, 22]中, Chau 和 Han 研究了力学问题的变分和数值分析, 并且获得了弱解的存在性和唯一性. 在[29]中, Rochdi 等证明了拟静态问题弱解的存在唯一性. 在[30]中, Han 和

Sofonea 扩展了[28]中研究的问题,并且研究了扩展后的变分模型.

微分变分不等式的概念是 2008 年由 Pang 等[31]首次提出的. 微分变分不等式主要由两部分组成:常微分方程和变分不等式. 常微分方程在应用数学中是很重要的工具,它的形成与发展是和力学、天文学、物理学以及其他科学技术的发展密切相关的. 微分代数方程(DAEs)是常微分方程的重要扩展,并被进行了广泛的研究[5−6]. 近几年,随着带摩擦接触面的多刚体动力学和混合工程系统的不断发展,常微分方程或者微分代数方程已经不能充分地解决包含不等式或者有不连续条件的一些自然界中的工程问题. 然而,微分变分不等式就能很好地解决这类问题,并且对研究复杂的工程系统提供了更广泛的模式. 一方面,有很多应用问题很自然地就形成了微分变分不等式模型;另一方面,尽管微分变分不等式可以扮演微分代数方程的角色,然而不得不利用非光滑函数转化成一个带有不可微代数方程的微分系统. 相比较而言,带有闭凸值的集值函数的微分包含(DIs)理论可以运用到某一类微分变分不等式当中. 然而,微分包含理论的应用也是有难度的,而且需要有限维变分不等式及互补问题中更多的研究结果. 总而言之,可微分变分不等式在微分代数方程和微分包含之间占有重要位置. Pang[31]证明了微分变分不等式解的存在性,并通过 Euler 算法考虑了微分变分不等式的数值解. 在此基础上,2010 年,Li 等[44]研究了一类微分混合变分不等式,并且扩展了[31]中相应的结果. 在合适的条件下,他们获得了混合变分不等式的解的线性增长性质,证明了微分混合变分不等式的 Carathéodory 弱解的存在性,建立了求解微分混合变分不等式的 Euler 逼近过程,并进行了收敛性分析. 后来,Wang 等[77−78]提出了微分向量变分不等式和微分集值变分不等式,并研究了微分向量变分不等式和微分集值变分不等式的 Carathéodory 弱解的存在性以及稳定性问题. 2013 年,Chen[67]给出了解一类微分变分不等式的正则时间步长方法的收敛性分析,此微分变分不等式包含一个常微分方程和一个参数变分不等式. 在[49]中,作者将微分变分不等式应用到了细胞生物学,将细胞代谢过程用一个常微分方程来描述,将细胞代谢与环境之间的关系用分段光滑的函数模型来描述,并且将这种发酵动力学用微分变分不等式来表示. 由于微分变分不等式在财政、经济、交通、优化和工程科学等领域有重要应用,因此这方面的研究越来越受到重视,更多的相关研究可参见[32−35,37,39,42−48].

在第 2 章,我们介绍和研究了一类来源于粘弹性材料的准静态摩擦接触问题的广义发展型变分不等式. 在[30]中,Han 和 Sofonea 扩展了[28]中研究的问题,并且在实 Hilbert 空间研究了一个变分模型. 作者在连续函数空间上给出了问题的变分数值分析,并且给了一个粘弹性带有普通可塑性和摩擦的接触问题的应用. 我们将扩展 Han 和 Sofonea 在[30]中的研究问题,并且在 Banach 空间上对模型进行研究. 在一些假设条件的前提下,通过利用 Banach 不动点定理,我们得到了广义发展型变分不等式解的存在性和唯一性. 我们研究了这个问题的两个数值逼近格式:半离散逼近格式和全离散逼近格式. 对于这两种格式,我们证明了解的存在性和误差估计. 我们根据 Han 和 Sofonea 在[30]中的研究结果将问题进行了扩展，主要体现在两个方面：①将实 Hilbert 空间扩展到 Banach 空间；②将实 Hibert 空间的两个非线性算子由定义在 Banach 空间的乘积空间上的线性算子取代. 在与[30]中不同的假设条件的前提下，通过利用 Banach 不动点定理，我们证明了相关问题解的存在唯一性. 我们也给出了求解这个问题的半离散和全离散逼近格式，并且取得了这两种格式的误差估计.

在第 3 章，我们介绍并研究了有限维空间中的一个微分集值变分不等式系统. 在[31]中，Pang 和 Stewart 介绍了 Euclidean 空间中一类微分变分不等式. 最近，微分变分不等式已经被应用于细胞生物学[49]. 在这篇文章中，作者需要两个或更多个变分不等式来形成新陈代谢模型之间的转换. 有时候利用[77]中的微分向量变分不等式来展示发酵动力系统更加方便. 然而，当我们研究发酵模型[49]时，发现微分集值变分不等式系统对我们有很大帮助. 我们需要利用集值变分不等式的一些性质，如上半连续性、下半连续性结合非空闭凸集来进行研究. 另外，在一些合适的条件下，我们还要利用微分包含的一些结论和 Filippov 隐函数定理证明微分集值变分不等式系统的 Carathéodory 弱解的存在性. 进而，我们给出了解微分集值变分不等式系统的与时间依赖的 Euler 逼近过程，并对它进行了收敛性分析.

在第 4 章，我们介绍并研究了有限维空间中的微分逆变分不等式组. He 等在[58−59]中第一次介绍并研究了有限维空间中的可逆变分不等式，他们提出在经济、管理科学和能源网络中有很多控制问题可以转化为可逆变分不等式模型，但是很难转化成古典的变分不等式. 进一步，He 等在[60]中发展了解变分不等式的基本算法. He 和 Liu 在[61]中提出了两个解可逆变分不等式的投影算法. Ynag 在[72]中考虑了动态的电价问题，并且将最优价格问题用发展型可逆变分不等式来描述. Scrimali[69]研究了时间依赖的空间价格均衡控制问题，并把控制问题用发展型可逆变分不等式模型来描述. 在[62]中，作者研究了可逆变分不等式的 Levitin-Polyak 适定性. 更多的相关研究可以参见[65，63]. 显然，如果函数是单值的，那么一定条件下可逆变分不等式可以转化为古典变分不等式. 然而，当函数是集值时，可逆变分不等式就不能转化为古典变分不等式. 另外，在一些实际的应用中，函数的显示表达不容易获得，那么也就不能相互转化[60]. 因此，研究函数中的某些参数是一个可逆变分不等式的解的常微分方程非常重要且有意义. 如前所述，在 Pang 和 Stewart 提出并研究微分变分不等式之后，Li 等介绍并研究了一类微分混合变分不等式，Chen 等研究了一类包含参数变分不等式的微分变分不等式问题. 在[49]中，作者将微分变分不等式应用到了细胞生物学，细胞代谢过程可以用一个常微分方程来描述，细胞代谢与环境之间的关系用分段光滑的函数模型来描述，并且将这种发酵动力学用微分变分不等式来表示. 然而在实际情况下，有很多因素需要考虑，这些因素之间有一定的关系且相互限制. 受以上各方面的启发，在第 4 章我们对微分逆变分不等式组进行了研究，在一些条件下，我们获得了逆变分不等式解集的线性增长结果，同时在合适的条件下建立了可微逆变分不等式 Carathéodory 弱解的存在性. 我们也给出了可逆变分不等式在时间依赖的空间价格均衡控制问题上的应用，并且说明了这类问题更适合于用可微逆变分不等式来研究.

在第 5 章，我们介绍并研究了一类微分逆混合变分不等式. Li 等在 [65] 中介绍并提出了 Hilbert 空间中的可逆混和变分不等式，并且给出了一个将可逆混合变分不等式应用到交通网络均衡控制问题的实际例子，最后作者对解可逆混合变分不等式的算法进行了研究. 微分可逆混合变分不等式包含一个常微分方程和一个可逆混合变分不等式. 首先，我们研究了可逆混合变分不等式的解的存在性条件、线性增长条件和可逆混合变分不等式解集的性质. 关于可逆混合变分不等式解的存在性的研究很少，并且已有的将可逆变分不等式转化成变分不等式的一些结果不能运用到可逆混合变分不等式. 受 Hu 在 [62] 中对可逆变分不等式的 Levitin-Polyak 适定性的研究以及已有的关于混合变分不等式的一些结果的启发，我们得到了可逆混合变分不等式的解的存在性条件、线性增长条件和可逆混合变分不等式解集的性质. 这些结果丰富并扩展了已有的混合变分不等式和可逆变分不等式的某些结果. 进一步，利用一个关于上半连续的有非空闭凸值的集值映射的微分包含的结果，我们获得了微分可逆混合变分不等式的 Carathéodory 弱解的存在性. 其次，我们利用相关的微分包含的结果给出了求解微分逆混合变分不等式的 Euler 逼近过程，并进行了收敛性分析.

在第 6 章，我们对一类微分逆变分不等式的算法进行了研究. 2010 年，Li 等[44]对微分混合变分不等式解的存在性和算法进行了研究，给出了解存在的条件，设计了求解微分混和变分不等式的时间依赖的算法，并分析了算法的收敛性，取得的结果丰富和扩展了 [31] 中的结果. 后来 Wang Huang 等[77]在有限维空间中介绍并研究了微分向量变分不等式，取得了微分向量变分不等式解的存在性成果. 2013 年，Gwinner[10]在 Hilbert 空间中研究了一类微分变分不等式解的稳定性. Chen 等[67]分析了类微分变分不等式解的正则时间步长算法. 逆变分不等式在经济、管理和交通网络等领域都有重要的应用，对逆变分不等式解的算法研究的文献也比较多. Barbagallo 和 Maur[88]利用逆变分不等式研究了动态市场均衡的问题，他们给出了均衡解的存在性以及算法，并且给出了具体的数值算例. 在本章，我们主要证明一类微分逆变分不等式解的存在性，给出了具体的求解算反，证明了算法的收敛性，并给出了数值算例.

在第 7 章，我们将介绍一类广义微分混和变分不等式，它是由常微分方程和广义混合逆变分不等式构成的系统. 变分不等式和微分变分不等式的稳定性分析涉及上半连续性、下半连续性、Lipschit 连续性和解集合的可微性. 这些模型的稳定性研究有助于在实际中确定高精度的敏感参数，为政府和决策部门就某个事件给出未来的变化情况，为均衡系统的设计和规划提供丰富的信息. 因此，变分不等式和微分变分不等式稳定性的研究吸引了很多的学者. 在本章，通过利用可测选择引理的一个重要结果,我们证明了广义微分混合拟变分不等式的 Carathéodory 弱解的存在性. 然后,利用广义微分混合拟变分不等式的 Carathéodory 弱解的存在性结果,我们建立了广义微分混合拟变分不等式的两个稳定性结果,分别是广义微分混合拟变分不等式的 Carathéodory 弱解关于参数的上半连续性和下半连续性.

在第 8 章,我们在有限维空间中介绍和研究了一类微分逆拟变分不等式,它在经济、交通、管理科学等领域的经典微分变分不等式都可以转化成逆变分不等式,两者在一定条件下是等价的. 首先,我们利用可测选择引理证明微分逆拟变分不等式 Carathéodory 弱解的存在性. 然后,通过 Euler 计算方法,我们构建了一个求解微分逆拟变分不等式的 Euler 时间步长方法,并证明了算法的有效性.

第2章　拟静态粘弹性摩擦接触问题的变分数值分析

在本章中，我们介绍和研究了一类来源于粘弹性材料的准静态摩擦接触问题的广义发展变分不等式. 在一些假设条件的前提下，通过利用 Banach 不动点定理，我们得到了广义发展变分不等式解的存在性和唯一性. 我们研究了这个问题的两个数值逼近格式：半离散逼近格式和全离散逼近格式. 对于这两种格式，我们证明了解的存在性和误差估计.

2.1　引言

动态和拟静态的摩擦接触问题在工业上频繁出现，特别是在发动机、汽车和变速器中. 因此，越来越多的人研究如何处理工程方面的摩擦接触问题，相关的文献可以参见[9, 11−15]. 早期试图用变分不等式的框架去研究摩擦接触问题的文章见[16]. 更多的来源于接触问题的变分不等式的分析和数值逼近方面的优秀文献见[17−18]，有关摩擦接触问题的最新的研究成果可以在[19−21]中看到. 当作用在系统上的力随着时间慢慢改变的同时加速度可以忽略，因此拟静态接触问题就产生了. 近年来，拟静态接触问题和动态接触问题已经成为研究的热点，其中很多被描述成发展型变分不等式. 因为在模型中有摩擦接触过程的存在并且涉及复杂表面现象的分析，因此最近才有用数学方法严密地处理拟静态问题的研究成果，可以参见[22]. 最近，[23]中展示了许多可以转化成变分模型的粘弹性材料的拟静态摩擦接触问题：找位移场 $u : [0, T] \to V$，使得对于 $t \in [0, T]$，

$$
\begin{cases}
(A\dot{u}(t), v - \dot{u}(t)) + (Du(t), v - \dot{u}(t)) + j(\dot{u}(t), v) - j(\dot{u}(t), \dot{u}(t)) \\
\qquad \geq (f(t), v - \dot{u}(t)), \forall v \in V, \\
u(0) = u_0,
\end{cases}
\tag{2.1.1}
$$

式中，V 是容许位移的一个函数空间，A 和 D 是关于粘弹性本构关系的非线性算子，泛函 j 由接触边界条件决定，f 与给定的体积力和牵引力有关，u_0 代表初始位移，$[0, T]$ 是时间间隔，$\dot{u}$ 表示数量关于时间变量 t 的导数.

Han 和 Sofonear[22]同时也证明了问题(2.1.1)的一个存在性和唯一性结果，并且在 $C(0, T; V)$ 上研究了这个问题的两个数值逼近格式，这里 V 是一个 Hilbert

空间. 最近, Xiao 等在[24]中介绍和研究了一类如下形式的广义发展型变分不等式:找 $u:[0, T] \to V$, 使得对于 $t \in [0, T]$,

$$\begin{cases} (A(u(t), \dot{u}(t)), v - \dot{u}(t)) + j(\dot{u}(t), v) - j(\dot{u}(t), \dot{u}(t)) \\ \qquad \geqslant (f(t), v - \dot{u}(t)), \forall v \in V, \\ u(0) = u_0, \end{cases} \qquad (2.1.2)$$

式中, V 是一个 Banach 空间, $A:V \times V \to V^*$ 是一个非线性算子, j 是作用在 $V \times V$ 上的非线性泛函, $u_0 \in V$ 是给定的点.

显然, 问题(2.1.2)扩展了(2.1.1). 更多的关于拟静态接触问题的文章见[23, 13, 26, 25].

在[28]中作者考虑了一个摩擦接触问题的模型, 在[29]中作者分析了一个带有普通可塑性的摩擦接触问题模型, 在[22]中作者研究了带有阻尼反应的接触问题. 在这些文章中, 摩擦模型带有 Coulomb 法则并且假定材料有如下的非线性粘弹性本构关系:

$$\sigma = \mathscr{A}\varepsilon(\dot{u}) + \mathscr{B}\varepsilon(u), \qquad (2.1.3)$$

式中, u 代表位移场, σ 和 $\varepsilon(u)$ 分别代表压力和应变张量, $\mathscr{A}$ 和 $\mathscr{B}$ 是两个非线性的本构函数, $\dot{u}$ 表示导数.

在[28, 22]中, Chau 和 Han 研究了力学问题的变分和数值分析, 并且获得了弱解的存在性和唯一性. 在[29]中, Rochdi 等证明了拟静态问题弱解的存在唯一性. 在[30]中, Han 和 Sofonea 扩展了[28]中研究的问题, 并且研究了下面的变分模型:

$$\begin{cases} (A\dot{u}(t), v - \dot{u}(t))_V + (Du(t), v - \dot{u}(t))_V + j(u(t), v) - j(u(t), \dot{u}(t)) \\ \qquad \geqslant (f(t), v - \dot{u}(t))_V, \forall v \in V, \\ u(0) = u_0, \end{cases} \qquad (2.1.4)$$

式中, V 是实 Hilbert 空间, A 和 D 是 V 上给定的非线性算子, $[0, T]$ 是时间间隔. 作者在 $C(0, T; V)$ 上给出了上述问题的变分数值分析, 并且给了一个粘弹性带有普通可塑性和摩擦的接触问题的应用.

受以上研究工作的启发, 我们研究了一类广义的发展变分不等式:找 $u:[0, T] \to B$, 使得对于 $t \in [0, T]$,

$$\begin{cases} (A(u(t), \dot{u}(t)), v - \dot{u}(t))_{B^* \times B} + j(u(t), v) - j(u(t), \dot{u}(t)) \\ \qquad \geqslant (f(t), v - \dot{u}(t))_{B^* \times B}, \forall v \in B, \\ u(0) = u_0, \end{cases} \qquad (2.1.5)$$

式中, B 是一个实 Banach 空间, $A:B \times B \to B^*$ 是给定的非线性算子, j 是 $B \times B$ 上的非线性泛函.

当选取合适的算子 A、非线性泛函 j 和空间 B 时, 我们很容易看到问题(2.1.4)是问题(2.1.5)的特例. 我们的目的是将 Han 和 Sofonea 在[30]中的研究问题(2.1.4)扩展到我们要研究的问题(2.1.5)中, 主要包括两个方面:①实 Hilbert 空间 V 扩展到 Banach 空间 B;②V 上的两个非线性算子 A 与 D 的和由定义在 $B \times B$ 上

的非线性算子 A 取代. 在与[30]中不同的假设条件的前提下, 通过利用 Banach 不动点定理, 我们证明了问题(2.1.5)的解的存在唯一性. 我们也给出了求解问题(2.1.5)的半离散和全离散逼近格式, 并且取得了这两种格式的误差估计.

2.2　预备知识

在本章中, B 是一个实 Banach 空间赋予范数 $\|\cdot\|_B$, B^* 是它的对偶空间赋予范数 $\|\cdot\|_{B^*}$, $(\cdot,\cdot)_{B^*\times B}$ 是 B^* 和 B 之间的对偶. 设 $0 < T < +\infty$, 令 $v = L^p(0,T;B)$ 表示强可测的向量值函数 $u:[0,T]\to B$ 的空间, 并且要满足

$$\int_0^T \|u(t)\|_B^p \, dt < +\infty,$$

式中, $1 < p < +\infty$. 范数为

$$\|u\|_{L^p} = \left[\int_0^T \|u(t)\|_B^p \, dt\right]^{1/p}.$$

$W^{1,p}(0,T;B)$ 表示有一阶广义导数的向量值 Sobolev 空间. 空间 $W^{1,p}(0,T;B)$ 的范数为

$$\|u\|_{W^{1,p}(0,T;B)} = \left[\int_0^T (\|u(t)\|_B^p + \|\dot{u}(t)\|_B^p) \, dt\right]^{1/p},$$

式中, $\dot{u} = \dfrac{\partial u}{\partial t}$. 我们假设

(A1) $A:B \times B \to B^*$ 是关于第二变元的强单调非线性算子, 即存在一个常数 $M > 0$, 使得

$$(A(u,v_1) - A(u,v_2), v_1 - v_2)_{B^*\times B} \geqslant M\|v_1 - v_2\|_B^2, \quad \forall v_1, v_2, u \in B.$$

(A2)非线性算子 $A:B \times B \to B^*$ 关于第一变元是 Lipschitz 连续的, 即存在一个常数 $L_1 > 0$, 使得

$$\|A(u_1,v) - A(u_2,v)\|_{B^*} \leqslant L_1\|u_1 - u_2\|_B, \quad \forall u_1, u_2, v \in B.$$

(A3)非线性算子 $A:B \times B \to B^*$ 关于第二变元是 Lipschitz 连续的, 即存在一个常数 $L_2 > 0$, 使得

$$\|A(u,v_1) - A(u,v_2)\|_{B^*} \leqslant L_2\|v_1 - v_2\|_B, \quad \forall u, v_1, v_2 \in B.$$

(A4) 函数 $j:B \times B \to R$ 满足

(a)对于所有的 $\rho \in B, j(\rho,\cdot)$ 是凸的, 在 B 上是下半连续的;

(b)存在一个常数 $m > 0$, 使得

$$j(\rho_1,v_2) - j(\rho_1,v_1) + j(\rho_2,v_1) - j(\rho_2,v_2)$$
$$\leqslant m\|\rho_1 - \rho_2\|_B\|v_1 - v_2\|_B, \quad \forall \rho_1, \rho_2, v_1, v_2 \in B. \tag{2.2.1}$$

(A5) $f \in L^p(0,T;B^*)$ 和 $u_0 \in B$.

2.3　一个存在唯一性结果

定理 2.3.1　设（A1）~（A5）成立，$m < M$，那么（2.1.5）存在唯一解 $u \in W^{1,p}(0,T;B)$.

定理 2.3.1 的证明基于不动点理论，结果的建立分下面几个步骤.

引理 2.3.1　设（A1）~（A5）成立. 假设 $\eta(t) \in C(0,T;B)$，$\rho(t) \in L^p(0,T;B)$ 是给定的，那么对于下面的变分不等式存在唯一解 $u_{\eta\rho}(t) \in L^p(0,T;B)$：找 $u_{\eta\rho}(t):[0,T] \rightarrow B$，使得对所有的 $t \in [0,T]$，

$$(A(\eta(t),u_{\eta\rho}(t)),v - u_{\eta\rho}(t))_{B^* \times B} + j(\rho(t),v) - j(\rho(t),u_{\eta\rho}(t))$$
$$\geqslant (f(t),v - u_{\eta\rho}(t))_{B^* \times B}, \forall v \in B. \tag{2.3.1}$$

证明　根据椭圆变分不等式的经典结果[17]，我们知道对于每一个 $t \in [0,T]$，（2.3.1）存在唯一解 $u_{\eta\rho}(t) \in B$. 接下来我们证明 $u_{\eta\rho}(t) \in L^p(0,T;B)$. 设 $t_1,t_2 \in [0,T]$，存在 $u_{\eta\rho}(t_1) \in B$ 和 $u_{\eta\rho}(t_2) \in B$ 是（2.3.1）的解，即

$$(A(\eta(t_1),u_{\eta\rho}(t_1)),v - u_{\eta\rho}(t_1))_{B^* \times B} + j(\rho(t_1),v) - j(\rho(t_1),u_{\eta\rho}(t_1))$$
$$\geqslant (f(t_1),v - u_{\eta\rho}(t_1))_{B^* \times B}, \forall v \in B \tag{2.3.2}$$

和

$$(A(\eta(t_2),u_{\eta\rho}(t_2)),v - u_{\eta\rho}(t_2))_{B^* \times B} + j(\rho(t_2),v) - j(\rho(t_2),u_{\eta\rho}(t_2))$$
$$\geqslant (f(t_2),v - u_{\eta\rho}(t_2))_{B^* \times B}, \forall v \in B. \tag{2.3.3}$$

在（2.3.2）中令 $v = -u_{\eta\rho}(t_2)$，在（2.3.3）中令 $v = u_{\eta\rho}(t_1)$，我们得到

$$(A(\eta(t_1),u_{\eta\rho}(t_1)) - A(\eta(t_2),u_{\eta\rho}(t_2)),u_{\eta\rho}(t_1) - u_{\eta\rho}(t_2))_{B^* \times B}$$
$$\leqslant j(\rho(t_1),u_{\eta\rho}(t_2)) - j(\rho(t_1),u_{\eta\rho}(t_1)) + j(\rho(t_2),u_{\eta\rho}(t_1)) - j(\rho(t_2),u_{\eta\rho}(t_2))$$
$$+ (f(t_1) - f(t_2),u_{\eta\rho}(t_1) - u_{\eta\rho}(t_2))_{B^* \times B}.$$

这就意味着

$$(A(\eta(t_1),u_{\eta\rho}(t_1)) - A(\eta(t_1),u_{\eta\rho}(t_2)),u_{\eta\rho}(t_1) - u_{\eta\rho}(t_2))_{B^* \times B}$$
$$\leqslant -(A(\eta(t_1),u_{\eta\rho}(t_2)) - A(\eta(t_2),u_{\eta\rho}(t_2)),u_{\eta\rho}(t_1) - u_{\eta\rho}(t_2))_{B^* \times B}$$
$$+ j(\rho(t_1),u_{\eta\rho}(t_2)) - j(\rho(t_1),u_{\eta\rho}(t_1)) + j(\rho(t_2),u_{\eta\rho}(t_1)) - j(\rho(t_2),u_{\eta\rho}(t_2))$$
$$+ (f(t_1) - f(t_2),u_{\eta\rho}(t_1) - u_{\eta\rho}(t_2))_{B^* \times B}.$$

由假设条件（A1），（A2）和（A4）中的（b），知

$$M\|u_{\eta\rho}(t_1) - u_{\eta\rho}(t_2)\|_B$$
$$\leqslant L_1\|\eta(t_1) - \eta(t_2)\|_B + m\|\rho(t_1) - \rho(t_2)\|_B + \|f(t_1) - f(t_2)\|_{B^*}. \tag{2.3.4}$$

又因为 $\eta(t)$，$\rho(t) \in L^p(0,T;B)$，根据假调条件（A5），我们从（2.3.4）推导出 $u_{\eta\rho}(t) \in L^p(0,T;B)$.

对于每一个 $\eta \in L^p(0,T;B)$，我们考虑算子 $\Lambda_\eta:L^p(0,T;B) \rightarrow L^p(0,T;B)$，它的定义为

$$\Lambda_\eta \rho(t) = \int_0^t u_{\eta\rho}(s) \mathrm{d}s + u_0, \qquad \forall \rho \in L^p(0, T; B), \, t \in [0, T], \quad (2.3.5)$$

式中，$u_{\eta\rho}$ 是变分不等式(2.3.1) 的解.

引理 2.3.2　假设(A1)～(A5) 成立且 $m < M$，那么算子 $\Lambda_\eta : L^p(0, T; B) \to L^p(0, T; B)$ 有唯一不动点 $\rho_\eta \in W^{1,p}(0, T; B)$.

证明　设 $\eta, \rho_1, \rho_2 \in L^p(0, T; B)$，$u_{\eta\rho_1}, u_{\eta\rho_2}$ 分别是当 $\rho = \rho_1$ 和 $\rho = \rho_2$ 时变分不等式(2.3.1) 的解. 根据(2.3.5)，有

$$\Lambda_\eta \rho_1(t) = \int_0^t u_{\eta\rho_1}(s) \mathrm{d}s + u_0, \qquad \Lambda_\eta \rho_2(t) = \int_0^t u_{\eta\rho_2}(s) \mathrm{d}s + u_0. \quad (2.3.6)$$

所以，对于所有的 $t \in [0, T]$,

$$(A(\eta(t), u_{\eta\rho_1}(t)), v - u_{\eta\rho_1}(t))_{B^* \times B} + j(\rho_1(t), v) - j(\rho_1(t), u_{\eta\rho_1}(t))$$

$$\geqslant (f(t), v - u_{\eta\rho_1}(t))_{B^* \times B}, \forall v \in B \quad (2.3.7)$$

和

$$(A(\eta(t), u_{\eta\rho_2}(t)), v - u_{\eta\rho_2}(t))_{B^* \times B} + j(\rho_2(t), v) - j(\rho_2(t), u_{\eta\rho_2}(t))$$

$$\geqslant (f(t), v - u_{\eta\rho_2}(t)), \forall v \in B. \quad (2.3.8)$$

在(2.3.7) 中令 $v = u_{\eta\rho_2}(t)$，在(2.3.8) 中令 $v = u_{\eta\rho_1}(t)$，我们有

$$(A(\eta(t_1), u_{\eta\rho}(t_1)) - A(\eta(t_2), u_{\eta\rho}(t_2)), u_{\eta\rho}(t_1) - u_{\eta\rho}(t_2))_{B^* \times B}$$

$$\leqslant j(\rho(t_1), u_{\eta\rho}(t_2)) - j(\rho(t_1), u_{\eta\rho}(t_1)) + j(\rho(t_2), u_{\eta\rho}(t_1))$$

$$- j(\rho(t_2), u_{\eta\rho}(t_2)) + (f(t_1) - f(t_2), u_{\eta\rho}(t_1) - u_{\eta\rho}(t_2))_{B^* \times B}. \quad (2.3.9)$$

这就意味着

$$(A(\eta(t_1), u_{\eta\rho}(t_1)) - A(\eta(t_1), u_{\eta\rho}(t_2)), u_{\eta\rho}(t_1) - u_{\eta\rho}(t_2))_{B^* \times B}$$

$$\leqslant - (A(\eta(t_1), u_{\eta\rho}(t_2)) - A(\eta(t_2), u_{\eta\rho}(t_2)), u_{\eta\rho}(t_1) - u_{\eta\rho}(t_2))_{B^* \times B}$$

$$+ j(\rho(t_1), u_{\eta\rho}(t_2)) - j(\rho(t_1), u_{\eta\rho}(t)) + j(\rho(t_2), u_{\eta\rho}(t_1))$$

$$- j(\rho(t_2), u_{\eta\rho}(t_2)) + (f(t_1) - f(t_2), u_{\eta\rho}(t_1) - u_{\eta\rho}(t_2))_{B^* \times B}. \quad (2.3.10)$$

利用假设条件(A1)，(A2) 和 A4 中的(b)，有

$$M \| u_{\eta\rho_1}(t) - u_{\eta\rho_2}(t) \|_B \leqslant m \| \rho_1(t) - \rho_2(t) \|_B. \quad (2.3.11)$$

由(2.3.6) 有

$$\| \Lambda_\eta \rho_1(t) - \Lambda_\eta \rho_2(t) \|_B = \left\| \int_0^t [u_{\eta\rho_1}(s) - u_{\eta\rho_2}(s)] \mathrm{d}s \right\|_B$$

$$\leqslant \int_0^t \| u_{\eta\rho_1}(s) - u_{\eta\rho_2}(s) \|_B \mathrm{d}s. \quad (2.3.12)$$

将(2.3.11) 和(2.3.12) 联立，我们有

$$\| \Lambda_\eta \rho_1(t) - \Lambda_\eta \rho_2(t) \|_B \leqslant \frac{m}{M} \int_0^t \| \rho_1(s) - \rho_2(s) \|_B \mathrm{d}s. \quad (2.3.13)$$

接下来，我们说明 $\Lambda_\eta : L^p(0, T; B) \to L^p(0, T; B)$ 在 Banach 空间 $L^p(0, T; B)$ 上是压缩的. 事实上，设

$$\| u \|_{L^p(0, T; B)}^* = \left[\int_0^T \exp^{-\alpha p t} \| u(t) \|_B^p \mathrm{d}t \right]^{1/p}, \quad (2.3.14)$$

式中，$\alpha > 0$ 是一个常数，后面将会有具体的表示. 显而易见，$\|\cdot\|_{L^p}^*$ 等价于标准范数 $\|\cdot\|_{L^p}$. 利用(2.3.13)和(2.3.14)，我们得到

$$\|\Lambda_\eta\rho_1(t) - \Lambda_\eta\rho_2(t)\|_{L^p(0,T;B)}^*$$
$$= \left[\int_0^T \exp^{-\alpha pt}\|\Lambda_\eta\rho_1(t) - \Lambda_\eta\rho_2(t)\|_B^p\,\mathrm{d}t\right]^{1/p}$$
$$\leqslant \left\{\int_0^T \exp^{-\alpha pt}\left[\int_0^T \frac{m}{M}\|\rho_1(s) - \rho_2(s)\|_B\,\mathrm{d}s\right]^p\,\mathrm{d}t\right\}^{1/p}. \tag{2.3.15}$$

进而，使用 Hölder 不等式，有

$$\int_0^t \frac{m}{M}\|\rho_1(s) - \rho_2(s)\|_B\,\mathrm{d}s$$
$$= \frac{m}{M}\int_0^t \exp^{\alpha s}\exp^{-\alpha s}\|\rho_1(s) - \rho_2(s)\|_B\,\mathrm{d}s$$
$$\leqslant \frac{m}{M}\left[\int_0^t \exp^{\alpha sq}\,\mathrm{d}s\right]^{1/q}\left[\int_0^t \exp^{-\alpha sp}\|\rho_1(s) - \rho_2(s)\|_B^p\,\mathrm{d}s\right]^{1/p}$$
$$= \frac{m}{M}\left[\frac{1}{\alpha q}\exp^{\alpha qt} - 1\right]^{1/q}\|\rho_1(s) - \rho_2(s)\|_{L^p(0,T;B)}^*, \tag{2.3.16}$$

式中，$\dfrac{1}{p} + \dfrac{1}{q} = 1$.

那么有

$$\|\Lambda_\eta\rho_1(t) - \Lambda_\eta\rho_2(t)\|_{L^p(0,T;B)}^*$$
$$\leqslant \frac{m}{M}\left\{\int_0^T \exp^{\alpha pt}\left[\frac{1}{\alpha q}(\exp^{\alpha qt} - 1)\right]^{\frac{p}{q}}(\|\rho_1 - \rho_2\|_{L^p(0,T;B)}^*)^p\,\mathrm{d}t\right\}^{1/p}$$
$$= \frac{m}{M}\left\{\int_0^T \left[\frac{1}{\alpha q}(1 - \exp^{\alpha qt})\right]^{\frac{p}{q}}(\|\rho_1 - \rho_2\|_{L^p(0,T;B)}^*)^p\,\mathrm{d}t\right\}^{1/p}$$
$$\leqslant \frac{m}{M}\left(\frac{1}{\alpha q}\right)^{1/q}T^{1/p}\|\rho_1 - \rho_2\|_{L^p(0,T;B)}^*.$$

选取 $\alpha > \dfrac{1}{q}\left(\dfrac{m}{M}\right)^q T^{\frac{q}{p}}$，那么 $\dfrac{m}{M}\left(\dfrac{1}{\alpha q}\right)^{1/q}T^{1/p} < 1$. 因此，$\Lambda_\eta: L^p(0,T;B) \to L^p(0,T;B)$ 在 Banach 空间 $L^p(0,T;B)$ 上是压缩的. 利用 Banach 不动点定理，我们得到 Λ_η 有唯一不动点 $\rho_\eta \in L^p(0,T;B)$，使得 $\Lambda_\eta\rho_\eta = \rho_\eta$. 由(2.3.5)，我们得到 $\rho_\eta \in W^{1,p}(0,T;B)$.

对于 $\eta \in L^p(0,T;B)$，我们将引理 2.3.2 中的不动点记为 ρ_η. 设 $v_\eta \in L^p(0,T;B)$ 是如下形式的函数：

$$v_\eta(t) = \int_0^t u_{\eta\rho_\eta}(s)\,\mathrm{d}s + u_0, \quad \forall t \in [0,T], \tag{2.3.17}$$

那么我们很容易知道 $\Lambda_\eta\rho_\eta = \rho_\eta$，因此，由(2.3.5)和(2.3.17)我们有

$$v_\eta = \rho_\eta. \tag{2.3.18}$$

在(2.3.1)中令 $\rho = \rho_\eta$，并且借助于(2.3.17)和(2.3.18)，我们得到

$$(A(\eta(t),\dot{v}_\eta(t)), v - \dot{v}_\eta(t))_{B^*\times B} + j(v_\eta(t),v) - j(v_\eta(t),\dot{v}_\eta(t))$$

$$\geqslant (f(t), v - \dot{v}_\eta(t))_{B^* \times B}, \quad \forall v \in B, t \in [0, T]. \tag{2.3.19}$$

现在我们定义算子 $A: L^p(0, T; B) \to L^p(0, T; B)$ 为

$$\Lambda \eta = v_\eta, \quad \forall \eta \in L^p. \tag{2.3.20}$$

接下来我们总是假设 $m < M$，c 表示一个正常数，并且在不同地方值也是变化的.

引理 2.3.3　设 (A1) ∼ (A5) 成立，那么算子 Λ 有唯一的不动点 $\eta * \in L^p(0, T; B)$.

证明　设 $\eta_1, \eta_2 \in C(0, T; B)$. 在 (2.3.19) 中令 $\eta = \eta_1$ 和 $\eta = \eta_2$，就会分别得到解 $v_{\eta_1}, v_{\eta_2} \in L^p(0, T; B)$，即对于所有的 $t \in [0, T]$，

$$(A(\eta_1(t), \dot{v}_{\eta_1}(t)), v - \dot{v}_{\eta_1}(t))_{B^* \times B} + j(v_{\eta_1}(t), v) - j(v_{\eta_1}(t), \dot{v}_{\eta_1}(t))$$
$$\geqslant (f(t), v - \dot{v}_{\eta_1}(t))_{B^* \times B}, \quad \forall v \in B \tag{2.3.21}$$

和

$$(A(\eta_2(t), \dot{v}_{\eta_2}(t)), v - \dot{v}_{\eta_2}(t))_{B^* \times B} + j(v_{\eta_2}(t), v) - j(v_{\eta_2}(t), \dot{v}_{\eta_2}(t))$$
$$\geqslant (f(t), v - \dot{v}_{\eta_2}(t))_{B^* \times B}, \quad \forall v \in B. \tag{2.3.22}$$

在 (2.3.21) 中令 $v = \dot{v}_{\eta_1}(t)$，在 (2.3.26) 中令 $v = \dot{v}_{\eta_2}(t)$，我们得到

$$(A(\eta_2(t), \dot{v}_{\eta_2}(t)) - A(\eta_1(t), \dot{v}_{\eta_1}(t)), \dot{v}_{\eta_1}(t))_{B^* \times B} + j(v_{\eta_1}(t), \dot{v}_{\eta_2}(t)) +$$
$$j(v_{\eta_2}(t), \dot{v}_{\eta_1}(t)) - j(v_{\eta_2}(t), \dot{v}_{\eta_2}(t)) - j(v_{\eta_1}(t), \dot{v}_{\eta_1}(t)) \geqslant 0.$$

这意味着

$$(A(\eta_1(t), \dot{v}_{\eta_1}(t)) - A(\eta_1(t), \dot{v}_{\eta_1}(t)) - \dot{v}_{\eta_2}(t))_{B^* \times B}$$
$$\geqslant -(A(\eta_1(t), \dot{v}_{\eta_2}(t)) - A(\eta_2(t), \dot{v}_{\eta_2}(t)) - \dot{v}_{\eta_1}(t))_{B^* \times B} + j(v_{\eta_1}(t), \dot{v}_{\eta_2}(t))$$
$$+ j(v_{\eta_2}(t), \dot{v}_{\eta_1}(t)) - j(v_{\eta_2}(t), \dot{v}_{\eta_2}(t)) - j(v_{\eta_1}(t), \dot{v}_{\eta_1}(t)). \tag{2.3.23}$$

由假设条件 (A1) 和 (A4) 中的 (b)，我们有

$$M\|\dot{v}_{\eta_1}(t) - \dot{v}_{\eta_2}(t)\|_B \leqslant L_1\|\eta_1(t) - \eta_2(t)\|_B + m\|v_{\eta_1}(t) - v_{\eta_2}(t)\|_B, \tag{2.3.24}$$

那么

$$\|v_{\eta_1}(t) - v_{\eta_2}(t)\|_B \leqslant \frac{L_1}{M}\int_0^t \|\eta_1(s) - \eta_2(s)\|_B \mathrm{d}s + \frac{m}{M}\int_0^t \|v_{\eta_1}(s) - v_{\eta_2}(s)\|_B \mathrm{d}s.$$

令 $p(t) = \frac{L_1}{M}\int_0^t \|\eta_1(s) - \eta_2(s)\|_B \mathrm{d}s$，利用 Gronwall 不等式，我们得到

$$\|v_{\eta_1}(t) - v_{\eta_2}(t)\|_B \leqslant \int_0^t \mathrm{e}^{\int_s^t \frac{m}{M}\mathrm{d}\tau}\frac{\mathrm{d}p}{\mathrm{d}s}\mathrm{d}s \leqslant \mathrm{e}^{\frac{mT}{M}}p(t) = \frac{L_1}{M}\mathrm{e}^{\frac{mT}{M}}\int_0^t \|\eta_1(s) - \eta_2(s)\|_B \mathrm{d}s$$
$$\leqslant c\int_0^t \|\eta_1(s) - \eta_2(s)\|_B \mathrm{d}s, \quad \forall t \in [0, T]. \tag{2.3.25}$$

将 (2.3.20) 和 (2.3.25) 联立有

$$\|\Lambda\eta_1(t) - \Lambda\eta_2(t)\|_B = \|v_{\eta_1}(t) - v_{\eta_2}(t)\|_B \leqslant c\int_0^t \|\eta_1(s) - \eta_2(s)\|_B \mathrm{d}s. \tag{2.3.26}$$

引理 2.3.3 剩余的证明方法类似于引理 2.3.2 的证明.

定理 2.3.1 的证明 （存在性）设 $\eta^* \in L^p$ 是 Λ 的不动点，$u = v_{\eta^*} \in L^p(0, T; B)$，在 (2.3.17) 中令 $\eta = \eta^*$，所以 $v_{\eta^*}(0) = u_0$. 由 (2.3.19) 知，对于任意 $t \in [0, T]$，

$$(A(\eta^*(t), \dot{v}_{\eta^*}(t)), v - \dot{v}_{\eta^*}(t))_{B^* \times B} + j(v_{\eta^*}(t), v) - j(v_{\eta^*}(t), \dot{v}_{\eta^*}(t))$$
$$\geqslant (f(t), v - \dot{v}_{\eta^*}(t))_{B^* \times B}, \qquad \forall v \in B. \tag{2.3.27}$$

由 (2.3.20) 我们有

$$\Lambda \eta^* = v_{\eta^*} = \eta^*. \tag{2.3.28}$$

联立 (2.3.27) 和 (2.3.28)，我们得到

$$(A(v_{\eta^*}(t), \dot{v}_{\eta^*}(t)), v - \dot{v}_{\eta^*}(t))_{B^* \times B} + j(v_{\eta^*}(t), v) - j(v_{\eta^*}(t), \dot{v}_{\eta^*}(t))$$
$$\geqslant (f(t), v - \dot{v}_{\eta^*}(t))_{B^* \times B}, \qquad \forall v \in B. \tag{2.3.29}$$

因此，$u(t)$ 是 (2.1.5) 的解.

（唯一性）设 $u_1(t), u_2(t) \in W^{1,p}(0, T; B)$ 是 (2.1.5) 的解，那么

$$(A(u_1(t), \dot{u}_1(t)), v - \dot{u}_1(t))_{B^* \times B} + j(u_1(t), v) - j(u_1(t), \dot{u}_1(t))$$
$$\geqslant (f(t), v - \dot{u}_1(t))_{B^* \times B}, \qquad \forall v \in B, \quad t \in [0, T] \tag{2.3.30}$$

和

$$(A(u_2(t), \dot{u}_2(t)), v - \dot{u}_2(t))_{B^* \times B} + j(u_2(t), v) - j(u_2(t), \dot{u}_2(t))$$
$$\geqslant (f(t), v - \dot{u}_2(t))_{B^* \times B}, \qquad \forall v \in B, \quad t \in [0, T]. \tag{2.3.31}$$

在第一个不等式中令 $v = \dot{u}_2(t)$，在第二个不等式中令 $v = \dot{u}_2(t)$，然后我们将两个不等式相加，得到

$$(A(u_2(t), \dot{u}_2(t)) - A(u_1(t), \dot{u}_1(t)), \dot{u}_1(t) - \dot{u}_2(t))_{B^* \times B} + j(u_2(t), \dot{u}_2(t))$$
$$+ j(u_1(t), \dot{u}_1(t)) - j(u_1(t), \dot{u}_1(t)) - j(u_2(t), \dot{u}_2(t)) \geqslant 0, \quad \forall t \in [0, T]. \tag{2.3.32}$$

这就意味着

$$(A(u_1(t), \dot{u}_1(t)) - A(u_1(t), \dot{u}_2(t)), \dot{u}_1(t) - \dot{u}_2(t))_{B^* \times B}$$
$$\leqslant (A(u_2(t), \dot{u}_2(t)) - A(u_1(t), \dot{u}_2(t)), \dot{u}_1(t) - \dot{u}_2(t))_{B^* \times B} + j(u_2(t), \dot{u}_2(t))$$
$$+ j(u_1(t), \dot{u}_1(t)) - j(u_1(t), \dot{u}_1(t)) - j(u_2(t), \dot{u}_2(t)), \quad \forall t \in [0, T]. \tag{2.3.33}$$

因此，根据假设条件 (A1)，(A2) 和 (A4) 中的 (b)，我们推导出

$$M \| \dot{u}_1(t) - \dot{u}_2(t) \|_B \leqslant (L_1 + m) \| u_1(t) - u_2(t) \|_B, \quad \forall t \in [0, T].$$

这意味着

$$\| \dot{u}_1(t) - \dot{u}_2(t) \|_B \leqslant \frac{L_1 + m}{M} \int_0^t \| \dot{u}_1(s) - \dot{u}_2(s) \|_B \mathrm{d}s, \quad \forall t \in [0, T]. \tag{2.3.34}$$

由 (2.3.34) 和 (2.1.5)，我们知道 (2.1.5) 的解是唯一的.

推论 2.3.1 在定理 2.3.1 的条件下，如果对某个 $p \in (1, +\infty)$ 有 $f \in$

$W^{1,p}(0,T;B^*)$，那么(2.1.5)的唯一解 u 满足 $\dot{u} \in W^{1,p}(0,T;B)$，并且
$$\|\dot{u}\|_{W^{1,p}(0,T;B)} \leqslant C(\|f\|_{W^{1,p}(0,T;B^*)} + \|u\|_{W^{1,p}(0,T;B)}).$$

证明　对于任意 $t_1, t_2 \in [0,T]$，将不等式(2.3.4)运用到不等式(2.1.5)，我们得到
$$M\|\dot{u}(t_1) - \dot{u}(t_2)\|_B \leqslant (L_1 + m)\|u(t_1) - u(t_2)\|_B + \|f(t_1) - f(t_2)\|_{B^*}.$$

这意味着
$$\|\dot{u}(t_1) - \dot{u}(t_2)\|_B \leqslant C(\|u(t_1) - u(t_2)\|_B + \|f(t_1) - f(t_2)\|_{B^*}).$$

因此，推论成立.

2.4　空间半离散逼近

本节我们考虑问题(2.1.5)的空间半离散逼近格式. 设 B 是实 Banach 空间，$B^h \subset B$ 是有限维空间，$f \in W^{1,p}(0,T;B^*)$. 那么问题(2.1.5)的空间半离散逼近格式如下：

问题 P^h：找 $u^h:[0,T] \to B^h$，使得对于所有的 $t \in [0,T]$，
$$(A(u^h(t),\dot{u}^h(t)),v^h(t) - \dot{u}^h(t))_{B^* \times B} + j(u^h(t),v^h(t)) - j(u^h(t),\dot{u}^h(t))$$
$$\geqslant (f(t),v^h(t) - \dot{u}^h(t))_{B^* \times B}, \quad \forall v^h \in B^h \tag{2.4.1}$$
和
$$u^h(0) = u_0^h, \tag{2.4.2}$$
式中，$u_0^h \in B^h$ 是 u_0 的逼近. 通过使用前面描述的理论，我们知道在定理 2.3.1 的条件下问题 P^h 有唯一解 $u^h \in W^{1,p}(0,T;B^h)$. 现在我们来计算误差估计 $u - u^h$. 在(2.1.5)中我们令 $v = \dot{u}^h(t)$，在(2.4.1)中我们令 $v^h = v^h(t) \in B^h$，并且将两者相加，有
$$(A(u(t),\dot{u}(t)),\dot{u}^h(t) - \dot{u}(t))_{B^* \times B} + (A(u^h(t),\dot{u}^h(t)),v^h(t) - \dot{u}^h(t))_{B^* \times B}$$
$$+ j(u(t),\dot{u}^h(t)) - j(u(t),\dot{u}(t)) + j(u^h(t),v^h(t)) - j(u^h(t),\dot{u}^h(t))$$
$$\geqslant (f(t),v^h(t) - \dot{u}(t))_{B^* \times B}.$$

这意味着
$$(A(u(t),\dot{u}(t)) - A(u(t),\dot{u}^h(t)),\dot{u}(t) - \dot{u}^h(t))_{B^* \times B}$$
$$\leqslant (A(u(t),\dot{u}^h(t)) - A(u^h(t),\dot{u}^h(t)),\dot{u}^h(t) - \dot{u}(t))_{B^* \times B}$$
$$+ (A(u^h(t),\dot{u}^h(t)),v^h(t) - \dot{u}(t))$$
$$+ j(u(t),\dot{u}^h(t)) - j(u(t),\dot{u}(t)) + j(u^h(t),v^h(t)) - j(u^h(t),\dot{u}^h(t))$$
$$+ (f(t),\dot{u}(t) - v^h(t))_{B^* \times B}$$
$$\leqslant (A(u(t),\dot{u}^h(t)) - A(u(t),\dot{u}(t)))_{B^* \times B}$$
$$+ (A(u(t),\dot{u}^h(t)) - A(u^h,\dot{u}^h),\dot{u}^h - v^h)_{B^* \times B}$$
$$+ (A(u(t),\dot{u}(t)),v^h(t) - \dot{u}(t))_{B^* \times B} + j(u(t),\dot{u}^h(t)) - j(u(t),v^h(t))$$

$$+ j(u^h(t), v^h(t)) - j(u^h(t), \dot{u}^h(t)) - j(u(t), \dot{u}(t))$$

$$+ j(u(t), v^h(t)) + (f(t), \dot{u}(t) - v^h(t))_{B^* \times B}.$$

设

$$R(t; v^h(t), \dot{u}(t)) = (A(u^h(t), \dot{u}(t)), v^h(t) - \dot{u}(t))_{B^* \times B} + j(u(t), v^h(t))$$

$$- j(u(t), \dot{u}(t)) + (f(t), \dot{u}(t) - v^h(t))_{B^* \times B}. \quad (2.4.3)$$

利用假设条件(A1)~(A5)，我们有

$$M \| \dot{u}(t) - \dot{u}^h(t) \|_B^2$$

$$\leqslant L_1 \| \dot{u}(t) - \dot{u}^h(t) \|_B \| \dot{u}(t) - v^h(t) \|_B + | R(t; v^h(t), \dot{u}(t)) |$$

$$+ (L_2 + m) \| u(t) - u^h(t) \| (\| \dot{u}(t) - \dot{u}^h(t) \|_B + \| \dot{u}(t) - v^h(t) \|_B). \quad (2.4.4)$$

因此，存在一个常数 c，使得

$$\| \dot{u}(t) - \dot{u}^h(t) \|_B^2 \leqslant c (\| \dot{u}(t) - v^h(t) \|_B^2 + \| u(t) - u^h(t) \|_B^2$$

$$+ | R(t; v^h(t), \dot{u}(t)) |).$$

由(2.1.5)和(2.4.3)，我们得到

$$u(t) - u^h(t) = \int_0^t [\dot{u}(s) - \dot{u}^h(s)] \mathrm{d}s + u_0 - u_0^h.$$

所以

$$\| u(t) - u^h(t) \|_B^2 \leqslant c \Big(\int_0^t \| (\dot{u}(s) - \dot{u}^h(s) \|_B^2 \mathrm{d}s + \| u_0 - u_0^h \|_B^2 \Big). \quad (2.4.5)$$

联立(2.4.4)和(2.4.5)，推得

$$\| \dot{u}(t) - \dot{u}^h(t) \|_B^2$$

$$\leqslant c \Big(\| \dot{u}(t) - v^h(t) \|_B^2 \Big) + \int_0^t \| \dot{u}(s) - \dot{u}^h(s) \|_B^2 \mathrm{d}s + \| u_0 - u_0^h \|_B^2 + | R(t; v^h(t), \dot{u}(t)) | \Big).$$

利用 Gronwall 不等式，我们有

$$\| \dot{u}(t) - \dot{u}^h(t) \|_B \leqslant c (\| \dot{u}(t) - v^h(t) \|_B + \| u_0 - u_0^h \|_B + | R(t; v^h(t), \dot{u}(t)) |^{\frac{1}{2}}),$$

而且借助 Minkowski 不等式，我们得到

$$\| \dot{u} - \dot{u}^h \|_{L^p(0, T; B)}$$

$$\leqslant c \inf_{v^h \in L^p(0, T; B)} \Big(\| \dot{u} - v^h \|_{L^p(0, T; B)} + \| R(\bullet; v^h(\bullet), \dot{u}(\bullet) \|_{L^p(0, T; B)}^{\frac{1}{2}} \Big)$$

$$+ c \| u_0 - u_0^h \|_B. \quad (2.4.6)$$

将(2.4.5)和(2.4.6)联立，我们有下面的结果：

定理 2.4.1 假设(A1)~(A5)成立，并且 $m < M$，那么对于问题(2.4.1)和(2.4.2)的空间半离散解的误差估计如下：

$$\| u - u^h \|_{W^{1,p}(0, T; B)}$$

$$\leqslant c \inf_{v^h \in L^p(0, T; B)} (\| R(\bullet, v^h(\bullet), \dot{u}(\bullet)) \|_{L^p(0, T; B)}^{\frac{1}{2}}) + c \| u_0 - u_0^h \|_B,$$

式中，$R(\bullet, v^h(\bullet), \dot{u}(\bullet))$ 的定义见(2.4.3)。

2.5 全离散逼近

在本节中，我们考虑问题(2.1.5)的全离散逼近格式. 假设 $f \in W^{1,p}(0,T;B^*)$，对于 $t \in [0,T]$，设

$$w(t) = \dot{u}(t), \quad w^h(t) = \dot{u}^h(t).$$

由(2.1.5)，我们有

$$u(t) = \int_0^t w(s)\mathrm{d}s + u_0.$$

设 $B^h \subset B$ 是一个有限维空间，时间间隔 $[0,T]$ 上的不一致分划为: $0 = t_0 < t_1 < \cdots < t_N = T$. 对于 $n = 1, \cdots, N$，时间步长记为 $k_n = t_n - t_{n-1}$，最大步长为 $k = \max_n k_n$. 当 $w(t)$ 在 t 连续的时候，设 $w_n = w(t_n)$. 对于序列 $\{w_n\}_{n=0}^N$，我们设 $\Delta w_n = w_n - w_{n-1}$ 表示差分，$\delta w_n = \Delta w_n / k_n$ 表示相应的均差，那么问题(2.1.5)的全离散逼近格式如下:

问题 P^{hk}: 找 $\{u_n^{hk}\}_{n=0}^N$，使得对于 $n = 1, \cdots, N$，

$$(A(u_{n-1}^{hk}, \delta u_n^{hk}), v^h - \delta u_n^{hk})_{B^* \times B} + j(u_{n-1}^{hk}, v^h) - j(u_{n-1}^{hk}, \delta u_n^{hk})$$

$$\geqslant (f_n, v^h - \delta u_n^{hk})_{B^* \times B}, \quad \forall v^h \in B^h, \tag{2.5.1}$$

$$u_n^{hk} = u_0^h, \tag{2.5.2}$$

式中，$u_0^h \in B^h$ 是 u_0 的近似.

设

$$w_n^{hk} = \delta u_n^{hk}, \quad n = 1, \cdots, N. \tag{2.5.3}$$

由(2.5.2)，显然有

$$u_n^{hk} = \sum_{j=1}^n w_j^{hk} k_j + u_0^h. \tag{2.5.4}$$

那么我们可以把(2.5.1)写成如下形式:

$$(A(u_{n-1}^{hk}, w_n^{hk}), v^h - w_n^{hk})_{B^* \times B} + j(u_{n-1}^{hk}, v^h) - j(u_{n-1}^{hk}, w_n^{hk})$$

$$\geqslant (f_n, v^h - w_n^{hk})_{B^* \times B}, \quad \forall v^h \in B^h. \tag{2.5.5}$$

只要 $u_{n-1}^{hk} \in B^h$，我们可以容易地证明(2.5.5)有唯一解 $w_n^{hk} \in B^h$. 利用(2.5.2)和(2.5.4)，经过数学推导归纳，我们知道问题 P^{hk} 的解存在并且是唯一的.

在(2.3.4)中取 $v = w_n^{hk}$，$t = t_{n-1}$ 和 $t = t_{n-2}$，那么

$$(A(u_n, w_n), w_n^{hk} - w_n)_{B^* \times B} + j(u_n, w_n^{hk}) - j(u_n, w_n)$$

$$\geqslant (f_n, w_n^{hk} - w_n)_{B^* \times B}. \tag{2.5.6}$$

在(2.5.5)中我们取 $v^h = v_n^h$，并与(2.5.6)相加，得到误差关系

$$(A(u_n, w_n), w_n^{hk} - w_n)_{B^* \times B} + (A(u_{n-1}^{hk}, w_n^{hk}), v_n^h - w_n^{hk})_{B^* \times B}$$

$$+ j(u_n, w_n^{hk}) - j(u_n, w_n) + j(u_{n-1}^{hk}, v_n^h) - j(u_{n-1}^{hk}, w_n^{hk})$$

$$\geqslant (f_n, v_n^h - w_n)_{B^* \times B}.$$

这意味着

$$(A(u_n, w_n) - A(u_n, w_n^{hk}), w_n - w_n^{hk})_{B^* \times B}$$

$$\leqslant (A(u_n, w_n^{hk}), v_n^h - w_n)_{B^* \times B} + (A(u_{n-1}^{hk}, w_n^{hk}) - A(u_n, w_n^{hk}), v_n^h - w_n^{hk})_{B^* \times B}$$

$$+ j(u_n, w_n^{hk}) - j(u_n, w_n) + j(u_{n-1}^{hk}, v_n^h) - j(u_{n-1}^{hk}, w_n^{hk}) - (f_n, v_n^h - w_n^{hk})_{B^* \times B}$$

$$\leqslant (A(u_n, w_n^{hk}) - A(u_n, w_n), v_n^h - w_n)_{B^* \times B}$$

$$+ (A(u_{n-1}^{hk}, w_n^{hk}) - A(u_n, w_n^{hk}), v_n^h - w_n^{hk})_{B^* \times B}$$

$$+ j(u_n, w_n^{hk}) - j(u_n, v_n^h) + j(u_{n-1}^{hk}, v_n^h) - j(v_{n-1}^{hk}, w_n^{hk}) + R_n(v_n^h, w_n),$$

式中，

$$R_n(v_n^h, w_n) = (A(u_n, w_n), v_n^h - w_n)_{B^* \times B} + j(u_n, v_n^h) - j(u_n, w_n)$$
$$- (f_n, v_n^h - w_n)_{B^* \times B}. \tag{2.5.7}$$

根据假设条件(A1), (A2), (A3) 和(A4) 中的(b), 有

$$M \| w_n - w_n^{hk} \|^2 \leqslant L_2 \| w_n^{hk} - w_n \|_B \| v_n^h - w_n \|_B + L_1 \| u_{n-1}^{hk} - u_n \| \| v_n^h - w_n^{hk} \|$$

$$+ m(\| u_n - u_{n-1}^{hk} \|_B \| v_n^h - w_n^{hk} \|_B) + \| R_n(v_n^h, w_n) \|_B$$

$$= (L_1 + m)(\| u_n - u_{n-1}^{hk} \|_B \| v_n^h - w_n^{hk} \|_B)$$

$$+ L_2 \| w_n^{hk} - w_n \|_B \| v_n^h - w_n \|_B + | R_n(v_n^h, w_n) |.$$

因为 $m < M$, 我们得到

$$\| w_n - w_n^{hk} \|^2 \leqslant c(\| u_{n-1}^{hk} - u_n \|^2 + \| v_n^h - w_n \|^2 + | R_n(v_n^h, w_n) |). \tag{2.5.8}$$

接下来我们分析 $\| u_{n-1}^{hk} - u_n \|$ 的界限,

$$u_{n-1}^{hk} - u_n = \sum_{j=1}^{n-1} w_j^{hk} k_j + u_0^h - \int_0^{t_n} w(s) \mathrm{d}s - u_0$$

$$= \sum_{j=1}^{n-1} (w_j^{hk} - w_j) k_j + u_0^h - u_0 + \sum_{j=1}^{n-1} \left(w_j k_j - \int_{t_{j-1}}^{t_j} w(s) \mathrm{d}s \right) - \int_{t_{n-1}}^{t_n} w(s) \mathrm{d}s$$

和

$$\left\| \sum_{j=1}^{n-1} \left(w_j k_j - \int_{t_{j-1}}^{t_j} w(s) \mathrm{d}s \right) \right\|_B = \left\| \sum_{j=1}^{n-1} \int_{t_{j-1}}^{t_j} (w_j - w(s) \mathrm{d}s) \right\|_B$$

$$\leqslant \sum_{j=1}^{n-1} \int_{t_{j-1}}^{t_j} \int_s^{t_j} \| \dot{w}(\gamma) \|_B \mathrm{d}\gamma \mathrm{d}s$$

$$\leqslant ck \| \dot{w} \|_{L^p(0, T; B)}$$

$$\leqslant ck \| w \|_{W^{1,p}(0, T; B)}.$$

进一步, 由 Hölder 不等式有

$$\left\| \int_{t_{n-1}}^{t_n} w(s) \mathrm{d}s \right\|$$

$$\leqslant \int_{t_{n-1}}^{t_n} \| w(s) \| \mathrm{d}s$$

$$\leqslant T^{\frac{1}{q}} \| w \|_{L^p(0,T;B)}$$

$$\leqslant c \| w \|_{W^{1,p}(0,T;B)},$$

式中，$\dfrac{1}{p} + \dfrac{1}{q} = 1$. 由推论 2.3.1 知

$$\| w \|_{W^{1,p}(0,T;B)} \leqslant c (\| f \|_{W^{1,p}(0,T;B^*)} + \| u \|_{W^{1,p}(0,T;B)}).$$

因此我们有

$$\| u_{n-1}^{hk} - u_n \|_B \leqslant \sum_{j=1}^{n-1} \| w_j^{hk} - w_j \|_B k_j + \| u_0^h - u_0 \|_B$$
$$+ c(k+1)(\| f \|_{W^{1,p}(0,T;B^*)} + \| u \|_{W^{1,p}(0,T;B)}). \qquad (2.5.9)$$

那么根据 (2.5.8) 和 (2.5.9)，有

$$\| w_n - w_n^{hk} \|_B \leqslant \sum_{j=1}^{n-1} \| w_j^{hk} - w_j \|_B k_j + \| u_0^h - u_0 \|_B + c(k+1)(\| f \|_{W^{1,p}(0,T;B^*)}$$
$$+ \| u \|_{W^{1,p}(0,T;B)}) + \| v_n^h - w_n \|_B + | R_n(v_n^h, w_n) |_B^{\frac{1}{2}}. \qquad (2.5.10)$$

引理 2.5.1[22]　假设 $\{ g_n \}_{n=1}^N$ 和 $\{ e_n \}_{n=1}^N$ 是两个非负的数列，并且满足

$$e_n \leqslant c g_n + c \sum_{j=1}^{n-1} k_j e_j.$$

那么有

$$e_n \leqslant c \Big(g_n + \sum_{j=1}^{n-1} k_j g_j \Big)$$

和

$$\max_{1 \leqslant n \leqslant N} e_n \leqslant c \max_{1 \leqslant n \leqslant N} g_n.$$

对于不等式 (2.5.10)，我们利用引理 2.5.1 得到

$$\max_{1 \leqslant n \leqslant N} \| w_n - w_n^{hk} \|_B \leqslant c \max_{1 \leqslant n \leqslant N} (\| v_n^h - w_n \|_B + | R_n(v_n^h, w_n) |^{\frac{1}{2}})$$
$$+ \| u_0^h - u_0 \|_B + c(k+1)(\| f \|_{W^{1,p}(0,T;B^*)} + \| u \|_{W^{1,p}(0,T;B)}).$$

类似于 (2.5.10)，我们有

$$\| u_n^{hk} - u_n \|_B \leqslant \sum_{j=1}^{n} \| w_j^{hk} - w_j \|_B k_j + \| u_0^h - u_0 \|_B$$
$$+ c(k+1)(\| f \|_{W^{1,p}(0,T;B^*)} + \| u \|_{W^{1,p}(0,T;B)}).$$

因此我们有下面的结果.

定理 2.5.1　假设 (A1)～(A5) 成立，$M > m$，$f \in W^{1,p}(0,T;B^*)$，那么对于 (2.5.1) 和 (2.5.2) 的全离散误差估计，我们有

$$\max_{1 \leqslant n \leqslant N} (\| u_n^{hk} - u_n \|_B + \| \dot{u}_n - \delta u_n^{hk} \|_B)$$

$$\leqslant c \max_{1 \leqslant n \leqslant N} \inf_{v_n^h \in B^h} \{ \| v_n^h - \dot{u}_n \|_B + | R_n(v_n^h, \dot{u}_n) |^{\frac{1}{2}} \}$$

$$+ c \| u_0^h - u_0 \|_B + c(k+1)(\| f \|_{W^{1,p}(0,T;B^*)} + \| u \|_{W^{1,p}(0,T;B)}),$$

式中，$R_n(v_n^h, \dot{u}_n)$ 的定义见 (2.5.7).

第3章 有限维空间中微分集值变分不等式系统

在本章中，我们介绍并研究有限维空间中的一个微分集值变分不等式系统. 在一些条件下，我们证明了微分集值变分不等式系统的 Carathéodory 弱解的存在性. 进而，我们给出了解微分集值变分不等式系统的时间依赖 Euler 逼近过程，并对其收敛性进行了分析.

3.1 引言

对于一个集值映射 $F: R^n \rightrightarrows R^n$ 和一个非空闭凸集 $K \subset R^n$，变分不等式 $VI(K, F)$ 是找 $u \in K$ 和 $u^* \in F(u)$，使得所有的 $u' \in K \langle u^*, u' - u \rangle \geqslant 0$. 设 $SOL(K, F)$ 表示这个问题的解集. 我们将 $x(t)$ 关于时间的导数记为 $\dot{x} := \dfrac{dx}{dt}$.

我们考虑以下的微分集值变分不等式系统：

$$
\begin{cases}
\dot{x}(t) = f(t, x(t)) + B_1(t, x(t)) u(t) + B_2(t, x(t)) v(t), \\
\langle G_1(t, x(t)) + F_1(u(t)), u' - u(t) \rangle \geqslant 0, \quad \forall u' \in K, \\
\langle G_2(t, x(t)) + F_2(v(t)), v' - v(t) \rangle \geqslant 0, \quad \forall v' \in K, \\
x(0) = x_0,
\end{cases}
\tag{3.1.1}
$$

式中，$\Omega \equiv [0, T] \times R^m, f: \Omega \to R^m, B_i: \Omega \to R^{m \times n}, G_i: \Omega \to R^n, F_i: R^n \rightrightarrows R^n (i = 1, 2)$ 是给定的映射.

在[31]中，Pang 和 Stewart 介绍了 Euclidean 空间中的一类微分变分不等式. 更多的结果可参见[32 − 39, 41 − 48]. 最近，微分变分不等式已经被应用于细胞生物学[49]. 在[49]中，作者需要两个或更多个变分不等式来形成新陈代谢模型之间的转换. 有时候利用[77]中的微分向量变分不等式来展示发酵动力系统更加方便. 然而，当我们研究发酵模型时，发现系统(3.1.1)对实际生活中的一些问题有很大帮助. 在一些合适的条件下，我们研究了微分集值变分不等式系统(3.1.1)的 Carathéodory 意义下的弱解的存在性. 进而，我们给出了系统(3.1.1)的时间依赖 Euler 逼近过程，并得到了一个收敛性结果.

3.2　预备知识

本节我们将介绍一些基本的概念和初步的结果. 我们假设如下条件成立：

(A)f,B_1,B_2,G_1,G_2 是 Ω 上的 Lipschitz 连续函数，Lipschitz 常数分别为 L_f，L_{B_1}，L_{B_2}，L_{G_1}，L_{G_2}.

(B)B_1 在 Ω 上有界，并且 $\sigma_{B_1} \equiv \sup\limits_{(t,x)\in\Omega} \|B_1(t,x)\| < \infty$；$B_2$ 在 Ω 上有界，并且 $\sigma_{B_2} \equiv \sup\limits_{(t,x)\in\Omega} \|B_2(t,x)\| < \infty$.

定义 3.2.1　一个集值映射 $F:R^n \rightrightarrows R^n$

(i) 在凸集 $K \subset R^n$ 上是单调的，对于每个 $x,y \in K$ 和对所有的 $x^* \in F(x)$，$y^* \in F(y),\langle x^* - y^*,x - y\rangle \geqslant 0$；

(ii) 在凸集 $K \subset R^n$ 上是伪单调的，对于每个 $x,y \in K$ 和所有的 $x^* \in F(x)$，$y^* \in F(y),\langle y^*,x - y\rangle \geqslant 0$ 意味着 $\langle x^*,x - y\rangle \geqslant 0$.

定义 3.2.2　函数 $f:\Omega \to R^n(B:\Omega \to R^{n\times m})$ 是 Lipschitz 连续的，存在一个常数 $L_f > 0(\text{resp.},L_B > 0)$，使得对任意 $(t_1,x),(t_2,y) \in \Omega$，

$$\|f(t_1,x) - f(t_2,y)\| \leqslant L_f(|t_1 - t_2| + \|x - y\|),$$
$$\|B(t_1,x) - B(t_2,y)\| \leqslant L_B(|t_1 - t_2| + \|x - y\|).$$

定义 3.2.3　设 X,Y 是拓扑空间，$F:X \rightrightarrows Y$ 是一个集值映射有非空值. 我们称 F 在 $x_0 \in X$ 是上半连续的当且仅当对于任意 $F(x_0)$ 的邻域 $N(F(x_0))$，存在 x_0 的邻域 $N(x_0)$，使得

$$F(x) \subset N(F(x_0)),\quad \forall x \in N(x_0).$$

引理 3.2.1[31]　设 $F:\Omega \rightrightarrows R^m$ 是上半连续的集值映象有非空闭凸值. 假设存在 $\rho_F > 0$ 满足

$$\sup\{\|y\|:y \in F(t,x)\} \leqslant \rho_F(1 + \|x\|),\quad \forall (t,x) \in \Omega, \qquad (3.2.1)$$

那么对于每一个 $x^0 \in R^n$, DI:$\dot{x} \in F(t,x),x(0) = x^0$ 有 Carathéodory 弱解.

引理 3.2.2[31]　设 $h:\Omega \times R^m \to R^n$ 是一个连续函数，$U:\Omega \rightrightarrows R^m$ 是一个闭的集值映射，并且对于某个 $\eta_U > 0$，

$$\sup\limits_{u\in U(t,x)} \|u\| \leqslant \eta_U(1 + \|x\|),\quad \forall (t,x) \in \Omega.$$

设 $v:[0,T] \to R^n$ 是一个可测函数，$x:[0,T] \to R^n$ 是一个连续函数，并且对几乎所有的 $t \in [0,T],v(t) \in h(t,x(t),U(t,x(t)))$. 那么存在可测函数 $u:[0,T] \to R^m$，使得 $u(t) \in U(t,x(t))$，并且对几乎所有的 $t \in [0,T]$，有 $v(t) = h(t,x(t),u(t))$.

引理 3.2.3[50]　设 $\hat{m}$ 表示在 R^n 上 Lebesgue 可测，$f:R^n \to R^m$ 是一个可测函数. 设 L 是 R^n 中可测集，并且 $\hat{m}(L) < \infty$. 那么，对任意 $\varepsilon > 0$，存在紧集 $K \subseteq L$

满足 $\bar{m}(L\backslash K)<\varepsilon$，使得 f 在 K 上是连续的.

在 [40] 中，我们可以找到紧凸集的每一个同源象是非循环集.

引理 3.2.4[31]　紧凸集 X 上的每一个非循环集值映射 $F:X\rightarrow X$ 有不动点 $x\in F(x)$，其中 $x\in X$.

3.3　微分集值变分不等式系统的解的存在性分析

在本节我们获得了微分集值变分不等式系统的 Carathéodory 弱解的存在性定理. 进一步，我们建立了解微分集值变分不等式系统的一个收敛结果.

定理 3.3.1　假设 (f,B_1,B_2,G_1,G_2) 满足条件 (A) 和 (B)，$F_i:R^n\rightrightarrows R^n(i=1,2)$ 是上半连续有非空紧值的，并且对于每一个 $q_i\in G_i(\Omega)(i=1,2)$，$q_i+F_i(i=1,2)$ 在 R^n 上是伪单调的. 如果 K 是 R^n 的有界闭凸子集，那么初值系统 (3.1.1) 有弱解.

证明　由文献 [77] 中引理 3.2、3.3、3.4 和定理 3.1 的证明易知，假设条件"F 在 R^n 上是伪单调的"应该改成"对于每一个 $q\in G(\Omega)$，$q+F$ 在 R^n 上是伪单调的". 因为 K 是 R^n 的有界闭凸子集，根据 [77] 中引理 3.3，我们知道 $\mathrm{SOL}(K,q_i+F_i)(i=1,2)$ 是非空有界的. 设 $u=(u_1,u_2)$，其中 $u_i\in\mathrm{SOL}(K,q_i+F_i)(i=1,2)$，那么 u 在 R^{2n} 上是有界的. 而且，[77] 中引理 3.4 说明对于所有的 $q_i\in G_i(\Omega)$，$\mathrm{SOL}(K,q_i+F_i)(i=1,2)$ 是闭凸的. 因此，$\mathrm{SOL}(K,q_1+F_1)\times\mathrm{SOL}(K,q_2+F_2)$ 是闭凸的. 设

$$F(t,x)\equiv\{f(t,x)+B_1(t,x)u_1+B_2(t,x)u_2:u_i\in\mathrm{SOL}(K,G_i(t,x)+F_i)\}\tag{3.3.1}$$

类似于 [31] 中引理 6.3 的证明，我们知道 F 有线性增长并且在 Ω 上是上半连续的. 那么由引理 3.2.1 和 3.2.2 可知，系统 (3.1.1) 有弱解.

注 3.3.1　如果 $F_i:R^n\rightrightarrows R^n(i=1,2)$ 是单调的，那么易知对于 $q_i\in G_i(\Omega)(i=1,2)$，$q_i+F_i(i=1,2)$ 在 R^n 上是伪单调的.

引理 3.3.1　设 $G:\Omega\times R^m\rightarrow R^n$ 是连续函数，$F:L^2[0,T]\rightrightarrows L^2[0,T]$ 是集值函数，$u(t)\in K$ 且 $u\in L^2[0,T]$. 假设存在 $u^*\in F(u)$，使得对任意连续函数 $\bar{u}:[0,T]\rightarrow K$，有

$$\int_0^T\langle G(t,x(t))+u^*(t),\bar{u}(t)-u(t)\rangle\mathrm{d}t\geqslant 0,\tag{3.3.2}$$

那么对几乎所有的 $t\in[0,T]$，有 $u(t)\in\mathrm{SOL}(K,G(t,x(t))+F(\bullet))$.

证明　假设结论不成立，那么存在一个集 $E\subset[0,T]$ 且 $\bar{m}(E)>0(\bar{m}(E)$ 表示 E 的 Lebesgue 测度)，使得对所有的 $t\in E$，有 $u(t)\notin\mathrm{SOL}(K,G(t,x(t))+F(\bullet))$. 根据引理 3.2.3，我们知道存在 E 的闭子集 E_1，满足 $\bar{m}(E_1)>0$，使得

$u(t)$ 和 $u^*(t)$ 在 E_1 上是连续的，其中 $u^*(t) \in F(u(t))$. 那么存在 E_1 的闭子集 E_2，满足 $\hat{m}(E_2) > 0$，并且 $v_0 \in K$，使得

$$\langle G(t,x(t)) + u^*(t), v_0 - u(t) \rangle < 0,$$

所以

$$\int_{E_2} \langle G(t,x(t)) + u^*(t), v_0 - u(t) \rangle dt < 0.$$

设

$$u_0(t) = \begin{cases} v_0, & t \in E_2, \\ u(t), & t \in [0,T] \backslash E_2. \end{cases}$$

我们知道 $u_0(t) \in K$ 在 $[0,T]$ 上是可积函数，又因为连续函数空间 $C([0,T]; R^m)$ 在 $L^1([0,T]; R^m)$ 中是稠的，我们用连续函数 $\bar{u}(t) \in K$ 近似 $u_0(t) \in L^1([0,T]; R^m)$，并且得到存在一个连续函数 $\bar{u}(t)$，使得

$$\int_0^T \langle G(t,x(t)) + u^*(t), \bar{u}(t) - u(t) \rangle dt < 0.$$

这与 (3.3.2) 矛盾.

注 3.3.2　如果 $u(t)$ 是可积函数，满足对几乎所有的 $t \in [0,T]$,

$$u(t) \in \text{SOL}(K, G(t,x(t), \bullet) + F(\bullet)),$$

那么对任意连续的 $\hat{u}: [0,T] \to K$, (3.3.2) 一定成立.

3.4　微分集值变分不等式系统的解的计算方法

现在我们开始设计一个解 DVI(3.1.1) 的计算方法. 令 $x^{h,0} := x^0$，我们计算

$$\{x^{h,1}, x^{h,2}, \cdots, x^{h,N_h+1}\} \subset R^n,$$
$$\{u^{h,1}, u^{h,2}, \cdots, u^{h,N_h+1}\} \subset K,$$
$$\{v^{h,1}, v^{h,2}, \cdots, v^{h,N_h+1}\} \subset K.$$

通过递推，我们知对 $i = 0, 1, \cdots, N_h$ (其中 $N_h = \dfrac{T}{h} - 1$)，有

$$\begin{cases} x^{h,i+1} = x^{h,i} + h\big[f(t_{h,i+1}, \theta x^{h,i} + (1-\theta)x^{h,i+1}) \\ \qquad\quad + B_1(t_{h,i}, x^{h,i})u^{h,i+1} + B_2(t_{h,i}, x^{h,i})v^{h,i+1}\big], \\ u^{h,i+1} \in \text{SOL}(K, G_1(t_{h,i+1}, x^{h,i+1}) + F_1), \\ v^{h,i+1} \in \text{SOL}(K, G_2(t_{h,i+1}, x^{h,i+1}) + F_2), \end{cases}$$

即

$$\begin{cases} x^{h,i+1} = x^{h,i} + h\big[f(t_{h,i+1}, \theta x^{h,i} + (1-\theta)x^{h,i+1}) \\ \qquad\quad + B_1(t_{h,i}, x^{h,i})u^{h,i+1} + B_2(t_{h,i}, x^{h,i})v^{h,i+1}\big], \\ \langle G_1(t_{h,i+1}, x^{h,i+1}) + F_1(u^{h,i+1}), u' - u^{h,i+1} \rangle \geqslant 0, \quad \forall u' \in K, \\ \langle G_2(t_{h,i+1}, x^{h,i+1}) + F_2(v^{h,i+1}), v' - v^{h,i+1} \rangle \geqslant 0, \quad \forall v' \in K. \end{cases} \quad (3.4.1)$$

引理 3.4.1 设 (f, B_1, B_2, G_1, G_2) 满足条件(A)和(B)，那么存在一个 $h_0 > 0$，使得对任意 $h \in [0, h_0]$，$(\boldsymbol{x}^{ref}, u, v) \in R^{n+m+m}$，$\theta \in [0, 1]$，$t, t_{ref} \in [0, T]$，存在唯一的向量 $\boldsymbol{x}_{uv}$，满足

$$\boldsymbol{x}_{uv} - \boldsymbol{x}^{ref} = h[f(t, \theta \boldsymbol{x}^{ref} + (1-\theta)\boldsymbol{x}_{uv} + B_1(t_{ref}, \boldsymbol{x}^{ref})u + B_2(t_{ref}, \boldsymbol{x}^{ref})v].$$

并且对任意 $u, v, u', v' \in R^m$，有

$$\|\boldsymbol{x}_{uv} - \boldsymbol{x}_{u'v'}\| \leqslant \frac{h\sigma_{B_1}\|u - u'\| + h\sigma_{B_2}\|v - v'\|}{1 - h(1-\theta)L_f}$$

和

$$\|\boldsymbol{x}_{uv} - \boldsymbol{x}^{ref}\| \leqslant \frac{\rho_f(1 + \|\boldsymbol{x}^{ref}\|) + \sigma_{B_1}\|u\| + \sigma_{B_2}\|v\|}{1 - h(1-\theta)\rho_f}.$$

证明 选择 H_0 满足

$$0 < h_0 < \min\left\{\frac{1}{(1-\theta)L_f}, \frac{1}{(1-\theta)\rho_f}\right\}.$$

如果 $\theta = 1$ 的右边是 ∞，下面我们具体考虑任意组 $(h, \boldsymbol{x}^{ref}, u, v, t, t_{ref})$. 设

$$F(x) = hf(t, \theta \boldsymbol{x}^{ref} + (1-\theta)x) + hB_1(t_{ref}, \boldsymbol{x}^{ref})u + hB_2(t_{ref}, \boldsymbol{x}^{ref})v + \boldsymbol{x}^{ref},$$

那么

$$\begin{aligned}\|F(x_1) - F(x_2)\| &= \|hf(t, \theta \boldsymbol{x}^{ref} + (1-\theta)x_1) - hf(t, \theta \boldsymbol{x}^{ref} + (1-\theta)x_2)\| \\ &\leqslant hL_f(1-\theta)\|x_1 - x_2\|,\end{aligned}$$

式中，$0 < hL_f(1-\theta) < 1$. 这说明映射 F 是压缩的，所以存在唯一的向量 $\boldsymbol{x}_{uv}$，使得

$$\boldsymbol{x}_{uv} - \boldsymbol{x}^{ref} = h[f(t, \theta \boldsymbol{x}^{ref} + (1-\theta)\boldsymbol{x}_{uv}) + B_1(t_{ref}, \boldsymbol{x}^{ref})u + B_2(t_{ref}, \boldsymbol{x}^{ref})v].$$

$$(3.4.2)$$

那么，对任意 $(u_1, v_1), (u_2, v_2) \in R^{m \times m}$，存在 $\boldsymbol{x}_{u_1 v_1}$ 和 $\boldsymbol{x}_{u_2 v_2}$，使得

$$\boldsymbol{x}_{u_1 v_1} - \boldsymbol{x}^{ref} = h[f(t, \theta \boldsymbol{x}^{ref} + (1-\theta)\boldsymbol{x}_{u_1 v_1}) + B_1(t_{ref}, \boldsymbol{x}^{ref})u_1 + B_2(t_{ref}, \boldsymbol{x}^{ref})v_1]$$

$$(3.4.3)$$

和

$$\boldsymbol{x}_{u_2 v_2} - \boldsymbol{x}^{ref} = h[f(t, \theta \boldsymbol{x}^{ref} + (1-\theta)\boldsymbol{x}_{u_2 v_2}) + B_1(t_{ref}, \boldsymbol{x}^{ref})u_2 + B_2(t_{ref}, \boldsymbol{x}^{ref})v_2].$$

$$(3.4.4)$$

由(3.4.3)和(3.4.4)，我们有

$$\|\boldsymbol{x}_{u_1 v_1} - \boldsymbol{x}_{u_2 v_2}\| \leqslant hL_f(1-\theta)\|\boldsymbol{x}_{u_1 v_1} - \boldsymbol{x}_{u_2 v_2}\| + h\sigma_{B_1}\|u_1 - u_2\| + h\sigma_{B_2}\|v_1 - v_2\|,$$

所以

$$\|\boldsymbol{x}_{u_1 v_1} - \boldsymbol{x}_{u_2 v_2}\| \leqslant \frac{h\sigma_{B_1}\|u_1 - u_2\| + h\sigma_{B_2}\|v_1 - v_2\|}{1 - hL_f(1-\theta)}.$$

由 f 是 Lipschitz 连续的，我们知道存在 ρ_f，满足

$$\|f(t, x)\| \leqslant \rho_f(1 + \|x\|),$$

那么

$$\|\boldsymbol{x}_{uv} - \boldsymbol{x}^{ref}\| = h\|f(t,\theta\boldsymbol{x}^{ref} + (1-\theta)\boldsymbol{x}_{uv}) + B_1(t_{ref},\boldsymbol{x}^{ref})u + B_2(t_{ref},\boldsymbol{x}^{ref})v\|$$

$$\leqslant h\rho_f(1 + \|\theta\boldsymbol{x}^{ref} + (1-\theta)\boldsymbol{x}_{uv}\|) + h\sigma_{B_1}\|u\| + h\sigma_{B_2}\|v\|$$

$$\leqslant h\rho_f(1 + (1-\theta)\|\boldsymbol{x}_{uv} - \boldsymbol{x}^{ref}\| + \|\boldsymbol{x}^{ref}\|) + h\sigma_{B_1}\|u\| + h\sigma_{B_2}\|v\|,$$

所以

$$\|\boldsymbol{x}_{uv} - \boldsymbol{x}^{ref}\| \leqslant \frac{h\rho_f(1 + \|\boldsymbol{x}^{ref}\|) + h\sigma_{B_1}\|u\| + h\sigma_{B_2}\|v\|}{1 - h\rho_f(1-\theta)}.$$

证毕.

引理 3.4.2 设 (f,B_1,B_2,G_1,G_2) 满足条件（A）和（B）. 我们假设 $\mathrm{SOL}(K,q_1+F_1)$ 和 $\mathrm{SOL}(K,q_2+F_2)$ 满足线性性质

$$\sup\{\|u\|:u \in \mathrm{SOL}(K,q_1+F_1)\} \leqslant \rho_1(1 + \|q_1\|), \forall q_1 \in G_1(\Omega)$$

和

$$\sup\{\|u\|:u \in \mathrm{SOL}(K,q_2+F_2)\} \leqslant \rho_2(1 + \|q_2\|), \forall q_2 \in G_2(\Omega),$$

那么存在正数 $C_{0x},C_{1x},C_{0u},C_{1u},C_{0v},C_{1v}$ 和 h_1，使得对任意 $h \in [0,h_1]$ 和 $i = 0$,
$1,\cdots,N_h$，有

$$\|x^{h,i+1}\| \leqslant C_{0x} + C_{1x}\|x^0\|,$$

$$\|u^{h,i+1}\| \leqslant C_{0u} + C_{1u}\|x^0\|,$$

$$\|v^{h,i+1}\| \leqslant C_{0v} + C_{1v}\|x^0\|.$$

证明 以下证明中 $h > 0$ 是充分小的. 设

$$\rho_x = \frac{\rho_f + \sigma_{B_1} + \sigma_{B_2}}{1 - h(1-\theta)\rho_f}.$$

由（3.4.1）知

$$\|x^{h,i+1} - x^{h,i}\| \leqslant h\rho_x(1 + \|x^{h,i}\| + \|u^{h,i+1}\| + \|v^{h,i+1}\|). \tag{3.4.5}$$

根据变分不等式的线性增长，我们有

$$\|u^{h,i+1}\| \leqslant \rho_1(1 + \|G_1(t_{h,i+1},x^{h,i+1})\|)$$

$$\leqslant \rho_1(1 + \rho_{G_1}(1 + \|x^{h,i+1}\|))$$

$$\leqslant \rho_1(1 + \rho_{G_1}(1 + \|x^{h,i}\| + h\rho_x(1 + \|x^{h,i}\| + \|u^{h,i+1}\| + \|v^{h,i+1}\|)))$$

$$\leqslant (\rho_1 + \rho_1\rho_{G_1} + h\rho_1\rho_{G_1}\rho_x) + (\rho_1\rho_{G_1} + h\rho_1\rho_{G_1}\rho_x)\|x^{h,i}\|$$

$$+ h\rho_1\rho_{G_1}\rho_x\|u^{h,i+1}\| + h\rho_1\rho_{G_1}\rho_x\|v^{h,i+1}\| \tag{3.4.6}$$

和

$$\|v^{h,i+1}\| \leqslant \rho_2(1 + \|G_2(t_{h,i+1},x^{h,i+1})\|)$$

$$\leqslant \rho_2(1 + \rho_{G_2}(1 + \|x^{h,i+1}\|))$$

$$\leqslant \rho_2(1 + \rho_{G_2}(1 + \|x^{h,i}\| + h\rho_x(1 + \|x^{h,i}\| + \|u^{h,i+1}\| + \|v^{h,i+1}\|)))$$

$$\leqslant (\rho_2 + \rho_2\rho_{G_2} + h\rho_2\rho_{G_2}\rho_x) + (\rho_2\rho_{G_2} + h\rho_2\rho_{G_2}\rho_x)\|x^{h,i}\|$$

$$+ h\rho_2\rho_{G_2}\rho_x\|u^{h,i+1}\| + h\rho_2\rho_{G_2}\rho_x\|v^{h,i+1}\|. \tag{3.4.7}$$

设

$$M_1 = \rho_1 + \rho_1 \rho_{G_1} + h\rho_1 \rho_{G_1} \rho_x, \quad N_1 = \rho_1 \rho_{G_1} \rho_x$$

和

$$M_2 = \rho_2 + \rho_2 \rho_{G_2} + h\rho_2 \rho_{G_2} \rho_x, \quad N_2 = \rho_2 \rho_{G_2} \rho_x,$$

那么

$$(1 - hN_1)\|u^{h,i+1}\| \leqslant M(1 + \|x^{h,i}\|) + hN_1\|v^{h,i+1}\|$$

和

$$(1 - hN_2)\|v^{h,i+1}\| \leqslant M(1 + \|x^{h,i}\|) + hN_2\|u^{h,i+1}\|.$$

令 $0 < h < \min\{\dfrac{1}{N_1}, \dfrac{1}{N_2}\}$，有

$$\|u^{h,i+1}\|$$
$$\leqslant \frac{1}{1 - hN_1}\Big(M(1 + \|x^{h,i}\|) + hN_1\Big(\frac{1}{1 - hN_2}(M(1 + \|x^{h,i}\|) + hN_2\|u^{h,i+1}\|)\Big)\Big).$$

$$(3.4.8)$$

当 h 充分小时，存在 $\rho_{M_1} > 0$，使得

$$\|u^{h,i+1}\| \leqslant \rho_{M_1}(1 + \|x^{h,i}\|).$$

用类似的方法，我们可以证明存在 $\rho_{M_2} > 0$，使得

$$\|v^{h,i+1}\| \leqslant \rho_{M_2}(1 + \|x^{h,i}\|).$$

由 (3.4.5) 有

$$\|x^{h,i+1} - x^{h,i}\| \leqslant h\rho_x(1 + \|x^{h,i}\| + \rho_{M_1}(1 + \|x^{h,i}\|) + \rho_{M_2}(1 + \|x^{h,i}\|))$$
$$= (h\rho_x + h\rho_x\rho_{M_1} + h\rho_x\rho_{M_2})(1 + \|x^{h,i}\|).$$

设

$$\psi_x = \rho_x + \rho_x\rho_{M_1} + \rho_x\rho_{M_2}, \tag{3.4.9}$$

那么

$$\|x^{h,i+1} - x^{h,i}\| \leqslant h\psi_x(1 + \|x^{h,i}\|). \tag{3.4.10}$$

由 [31] 中的引理 7.2，我们知道存在正量的标量 $C_{0x}, C_{1x}, C_{0u}, C_{1u}, C_{0v}, C_{1v}$ 和 h_1，使得对任意 $h \in [0, h_1]$ 和 $i = 0, 1, \cdots, N_h$，有

$$\|x^{h,i+1}\| \leqslant C_{0x} + C_{1x}\|x^0\|,$$
$$\|u^{h,i+1}\| \leqslant C_{0u} + C_{1u}\|x^0\|,$$
$$\|v^{h,i+1}\| \leqslant C_{0v} + C_{1v}\|x^0\|.$$

引理 3.4.3 设 $K \subset R^n$ 是非空闭凸集，(f, B_1, B_2, G_1, G_2) 满足条件 (A) 和 (B)．假设集值映射 F_1, F_2 是上半连续的有非空紧值，并且对每个 $q_i \in G_i(\Omega)(i = 1, 2)$，有 $q_i + F_i (i = 1, 2)$ 在 R^n 上是伪单调的，那么对于某个常数 $\rho > 0$，SOL$(K, q_1 + F_1)$ 和 SOL$(K, q_2 + F_2)$ 满足线性增长性质

$$\sup\{\|u\|: u \in \text{SOL}(K, q_1 + F_1)\} \leqslant \rho(1 + \|q_1\|), \forall q_1 \in G_1(\Omega)$$

和

$$\sup\{\|u\|: u \in \text{SOL}(K, q_2 + F_2)\} \leqslant \rho(1 + \|q_2\|), \forall q_2 \in G_2(\Omega).$$

因此存在一个标量 $h_R > 0$，使得对任意 $h \in (0, h_R]$，存在 $(x^{h,i+1}, u^{h,i+1},$

$v^{h,i+1}$），使得对每一个 $i = 0,1,\cdots,N_h$ 有 (3.4.1) 成立，其中 $\theta \in [0,1]$，$x^0 \in R$.

证明　假设 ψ_x 的定义为 (3.4.9). 对任意标量 $h > 0$ 充分小，我们定义标量 ρ_1，$\rho_2,\cdots,\rho_{N_h+1}$ 为

$$\rho_i + 1 \equiv (1 + h\psi_x)\rho_i + h\psi_x, \quad i = 0,1,\cdots,N_h,$$

式中，ρ_0 是任意的. 根据 [31] 中引理 7.2 的证明，我们得到

$$\rho_i \leqslant \mathrm{e}^{T\psi_x}\rho_0 + \mathrm{e}^{T\psi_x} - 1, \quad \forall i = 0,1,\cdots,N_i+1.$$

设 α 表示上面不等式的右边的量，它依赖于 ρ_0，但是与 h 无关. 设 $0 < h_R < \min\{h_0,h_1\}$，满足

$$h_R \frac{\rho_f(1+\alpha) + (\sigma_{B_1} + \sigma_{B_2})\rho\rho_{G_1}(1+2\alpha)}{1 - h_R(1-\theta)\rho_f} < \alpha,$$

式中，h_0 和 h_1 的具体描述参见引理 3.4.1 和 3.4.2.

接下来我们说明对任意固定的 $h \in (0, h_R]$，存在三元组 $(x^{h,i+1}, u^{h,i+1}, v^{h,i+1})$ 满足 (3.4.1)，其中对于所有的 $i = 0,1,\cdots,N_h$，有 $\|x^{h,i+1}\| \leqslant \rho_{i+1}$. 设 B_α 表示球心在原点、半径为 2α 的 R^n 中的 Euclidean 球体. 对于任意 $x \in B_\alpha$，设 $S_j(t,x)$ 表示非空集 $\mathrm{SOL}(K, G_j(t,x) + F_j)$. 因为 G_j 在 Ω 上是 Lipschitz 连续的，我们知道 G_j 在 Ω 上有线性增长，即对某个正常数 ρ_{G_j} 和对于所有的 $(t,x) \in \Omega$，

$$\|G_j(t,x)\| \leqslant \rho_{G_j}(1 + \|x\|).$$

根据线性增长假设，对任意 $x \in B_\alpha$，我们有

$$\begin{aligned}
\sup\{\|u\| : u \in S_j(t,x)\} &\leqslant \rho(1 + \|G_j(t,x)\|) \\
&\leqslant \rho(1 + \rho_{G_j})(1 + \|x\|) \\
&\leqslant \rho(1 + \rho_{G_j})(1 + 2\alpha), \quad j = 1,2. \quad (3.4.11)
\end{aligned}$$

从 B_α 到 B_α 的子集的映射 S^i 为：对任意 $x \in B_\alpha$，

$$\begin{aligned}
S^i(x) \equiv (I - hf(t_{h,i+1}, \theta x^{h,i} + (1-\theta)x))^{-1}&(x^{h,i} + hB_1(t_{h,i}, x^{h,i})S_1(t_{h,i+1}, x) \\
&+ hB_2(t_{h,i}, x^{h,i})S_2(t_{h,i+1}, x)). \quad (3.4.12)
\end{aligned}$$

因为 F_1 和 F_2 是上半连续的有非空紧值，对于每个 $q_i \in G_i(\Omega)(i = 1,2)$，有 $q_i + F_i(i = 1,2)$ 在 R^n 上是伪单调的. 那么由 [77] 中的引理 3.3 和 3.4，有 $\mathrm{SOL}(K, G_1(t,x) + F_1)$ 和 $\mathrm{SOL}(K, G_2(t,x) + F_2)$ 是非空闭凸集. 根据不等式 (3.4.11)，我们可以得到 $\mathrm{SOL}(K, G_1(t,x) + F_1)$ 和 $\mathrm{SOL}(K, G_2(t,x) + F_2)$ 是紧凸集. 考虑映射

$$(x,y) \to x^{h,i} + hB_1(t_{h,i}, x^{h,i})x + hB_2(t_{h,i}, x^{h,i})y,$$

易知这个映射是连续的. 因此，根据 Tychonoff 定理，我们知道 $S_1(t,x) \times S_2(t,x)$ 是紧的. 所以

$$x^{h,i} + hB_1(t_{h,i}, x^{h,i})S_1(t_{h,i+1}, x) + hB_2(t_{h,i}, x^{h,i})S_2(t_{h,i+1}, x)$$

是紧的. 因为对所有 $h > 0$ 充分小，映射

$$(I - hf(t_{h,i+1}, \theta x^{h,i} + (1-\theta)))^{-1}$$

是同胚的，那么 $S^i(x)$ 是非循环紧集. 我们需要说明 $S^i(x)$ 是 B_α 的子集. 设 $\tilde{x}$ 是

$S^i(x)$ 中的任意元素,$u \in S_1(t_{h,i+1}, x)$,$v \in S_2(t_{h,i+1}, x)$,使得

$$\tilde{x} = x^{h,i} + h(f(t_{h,i+1}, \theta x^i + (1+\theta)\tilde{x}) + B_1(t_{h,i}, x^{h,i})u + B_2(t_{h,i}, x^{h,i})v).$$

由引理 3.4.1,我们有

$$\|\tilde{x} - x^{h,i}\| \leqslant h \frac{\rho_f(1 + \|x^{h,i}\|) + \sigma_{B_1}\|u\| + \sigma_{B_2}\|v\|}{1 - h(1-\theta)\rho_f}$$

通过归纳假设和 $\|x^{h,i}\| \leqslant \rho_i \leqslant \alpha$,我们得到

$$\|\tilde{x}\| \leqslant \rho_i + h \frac{\rho_f(1 + \rho_i) + (\sigma_{B_1} + \sigma_{B_2})\rho\rho_{G_1}(1 + 2\alpha)}{1 - h(1-\theta)\rho_f} < 2\alpha.$$

现在我们来证明解映射 $S_1(t_{h,i+1}, x)$ 是下半连续的. 为了证明 $S_1(t_{h,i+1}, x)$ 的上半连续性,只需要证明 $S_1(t_{h,i+1}, x)$ 是闭的. 假设 $\{x_n\} \subset R^n$ 是一个序列,收敛到 $x_0 \in R^n$ 和 $u_n \in S_1(t_{h,i+1}, x_n)$. 那么线性增长条件意味着 $\{u_n\}$ 是有界的,因此 $\{u_n\}$ 有收敛的子列,设收敛点为 u_0. 因为 $u_n \in S_1(t_{h,i+1}, x_n)$,那么存在 $u'_n \in F_1(u_n)$,使得

$$\langle G_1(t_{h,i+1}, x_n) + u'_n, u' - u_n \rangle \geqslant 0, \quad \forall u' \in K.$$

因为 F_1 在 R^n 上是上半连续的,并且具有紧值,那么 $\{u'_n\}$ 存在子列,记为 $\{u'_{n_k}\}$,使得 $u'_{n_k} \to u'_0 \in F_1(u_0)$. 令 $n \to \infty$,我们有

$$\langle G_1(t_{h,i+1}, x_0) + u'_0, u' - u_0 \rangle \geqslant 0, \quad \forall u' \in K.$$

所以 $u_0 \in S_1(t_{h,i+1}, x_0)$. 因此 $S_1(t_{h,i+1}, x)$ 是闭的,从而是上半连续性的. 利用类似的方法,我们可以证明 $S_2(t_{h,i+1}, x)$ 是上半连续的. 因此我们有 $S^i : B_\alpha \to B_\alpha$ 是闭的集值映射,有非循环紧值. 根据引理 3.2.4,S^i 有一个不动点,因此存在组 $(x^{h,i+1}, u^{h,i+1}, v^{h,i+1})$ 满足 (3.4.1). 现在我们来说明 $\|x^{h,i+1}\| \leqslant \rho_{i+1}$. 事实上,由 (3.4.10) 和 [31] 中的引理 7.2,我们有

$$\|x^{h,i+1}\| \leqslant \mathrm{e}^{T\psi_x}\|x^0\| + \mathrm{e}^{T\psi_x} - 1.$$

ρ_{i+1} 的定义意味着 $\|x^{h,i+1}\| \leqslant \rho_{i+1}$.

设 $\hat{x}^h(\cdot)$ 是 $\{x^{h,i+1}\}$ 的连续的分段线性插值,$\hat{u}^h(\cdot)$ 是 $\{u^{h,i+1}\}$ 的常数分段插值,$\hat{v}^h(\cdot)$ 是 $\{v^{h,i+1}\}$ 的常数分段插值,即

$$\begin{cases} \hat{x}^h(t) = x^{h,i} + \dfrac{t - t_i}{h}(x^{h,i+1} - x^{h,i}), & \forall t \in [t_{h,i}, t_{h,i+1}], \\ \hat{u}^h(t) = u^{h,i+1}, & \forall t \in (t_i, t_{i+1}], \\ \hat{v}^h(t) = v^{h,i+1}, & \forall t \in (t_i, t_{i+1}], \end{cases} \quad (3.4.13)$$

式中,$i = 0, 1, \cdots, N_h$.

定理 3.4.1 设 (f, B_1, B_2, G_1, G_2) 满足条件 (A) 和 (B),并且 $K \subset R^n$ 是非空闭凸集. 假设 $\mathrm{SOL}(K, q_1 + F_1)$ 和 $\mathrm{SOL}(K, q_2 + F_2)$ 满足线性增长性质,那么存在一个序列 $\{h_n\} \downarrow 0$,使得 $\hat{x}^{h_n}$ 在 $[0, T]$ 上一致收敛到 $\hat{x}$,并且 $\hat{u}^{h_n}$ 在 $L^2[0, T]$ 上弱收敛到 $\hat{u}$,$\hat{v}^{h_n}$ 在 $L^2[0, T]$ 上弱收敛到 $\hat{v}$. 假设

$$F_1(u) = \psi_1(E_1 u), F_2(v) = \psi_2(E_2 v), E_j \in R^{m \times m}, j = 1, 2$$

和

$$\psi_j : L^2([0,T],R^m) \rightrightarrows L^2([0,T],R^m), j = 1,2$$

是上半连续的有非空紧值的集值映射，并且存在 C_1, C_2，使得对任意充分小的 h 有

$$\|E_1 u^{h,i+1} - E_1 u^{h,i}\| \leqslant hC_1, \quad \|E_2 v^{h,i+1} - E_2 v^{h,i}\| \leqslant hC_2, \quad (3.4.14)$$

那么 $(\hat{x}, \hat{u}, \hat{v})$ 是系统 (3.1.1) 的弱解.

证明　由 (3.4.5) 和引理 3.4.2，我们推导出对于 $h > 0$ 充分小的时候，存在 $L_{x^0} > 0$ 不依赖于 h，使得

$$\|x^{h,i+1} - x^{h,i}\| \leqslant L_{x^0} h, \quad i = 0, 1, \cdots, N_h.$$

由 (3.4.13) 知 $\hat{x}^h$ 在 $[0,T]$ 上也是 Lipschitz 连续的，并且 Lipschitz 常数不依赖于 h. 那么，存在 $h_0 > 0$，使得函数族 $\{\hat{x}^h\}(h \in (0, h_0])$ 是等度连续的. 设

$$\|\hat{x}^h\|_{L^\infty} = \geqslant \sup_{t \in [0,T]} \|\hat{x}^h(t)\|,$$

由 (3.4.13) 和引理 3.4.2，我们推导出 $\{\hat{x}^h\}$ 是一致有界的. 根据 Arzelá-Ascoli 定理，我们知道存在序列 $\{h_n\}$，并且 $h_n \downarrow 0$，使得 $\{\hat{x}^{h_n}\}$ 按上确界范数收敛到 $[0,T]$ 上的 Lipschitz 函数 $\hat{x}$. 因为 $\mathrm{SOL}(K, q_1 + F_1)$ 和 $\mathrm{SOL}(K, q_2 + F_2)$ 满足线性增长性质，根据引理 3.4.2，可知 $\{u^{h,i+1}\}$ 在 $[0,T]$ 上按 L^∞ 范数一致有界. 由 (3.4.13)，我们得到 $\{\hat{u}^h\}$ 在 $[0,T]$ 上按 L^∞ 范数一致有界，这意味着存在标量 $\gamma > 0$，使得

$$\|\hat{u}^h\|_{L^\infty} \leqslant \gamma.$$

因为 $L^2[0,T]$ 是自反 Banach 空间，那么每一个有界序列有弱收敛子列，所以存在序列 $\{h_n\} \downarrow 0$，使得 $\hat{u}^{h_n}$ 在 $L^2[0,T]$ 弱收敛到 $\hat{u}$. 通过使用类似的方法，我们得到 $\hat{v}^{h_n}$ 在 $L^2[0,T]$ 上弱收敛到 $\hat{v}$.

接下来，我们证明 $(\hat{x}, \hat{u}, \hat{v})$ 是系统 (3.1.1) 的弱解. 根据引理 3.3.1，只需要证明：

(i) 对任意 $0 \leqslant s \leqslant t \leqslant T$，

$$\hat{x}(t) - \hat{x}(s) = \int_s^t [f(\tau, \hat{x}(\tau)) + B_1(\tau, \hat{x}(\tau))\hat{u}(\tau) + B_2(\tau, \hat{x}(\tau))\hat{v}(\tau)] \mathrm{d}\tau;$$

(ii) 存在 $u_0^* \in F_1(\hat{u})$ 和 $v_0^* \in F_2(\hat{v})$，使得对所有的连续函数 $u:[0,T] \to K$，

$$\int_0^T \langle G_1(t, \hat{x}(t)) + u_0^*(t), u(t) - \hat{u}(t) \rangle \mathrm{d}t \geqslant 0$$

和

$$\int_0^T \langle G_2(t, \hat{x}(t)) + v_0^*(t), v(t) - \hat{v}(t) \rangle \mathrm{d}t \geqslant 0;$$

(iii) 初值条件 $\hat{x}(0) = x_0$.

因为

$$x^{h,i+1} - x^{h,i}$$
$$= h[f(t_{h,i+1}, \theta x^{h,i} + (1-\theta)x^{h,i+1}) + B_1(t_{h,i}, x^{h,i})u^{h,i+1} + B_2(t_{h,i}, x^{h,i})v^{h,i+1}]$$

$$= \int_{t_{h,i}}^{t_{h,i+1}} \left[f(\tau, \hat{x}^h(\tau)) + B_1(\tau, \hat{x}^h(\tau)) u^{h,i+1} + B_2(\tau, \hat{x}^h(\tau)) v^{h,i+1} \right] \mathrm{d}\tau + h^2 \zeta,$$

式中,

$$\|\zeta\| \leqslant L_f + L_f L_x + L_{B_1} \psi_u + L_{B_2} \psi_u.$$

L_x 和 ψ_u 见[31]中定理7.1的描述,因此对任意 $0 \leqslant s \leqslant t \leqslant T$,

$$x^h(t) - x^h(s) = \int_s^t \left[f(\tau, \hat{x}^h(\tau)) + B_1(\tau, \hat{x}^h(\tau)) \hat{u}^h(\tau) \right.$$
$$\left. + B_2(\tau, \hat{x}^h(\tau)) \hat{v}^h(\tau) \right] \mathrm{d}\tau + o(h).$$

类似于[31]中定理7.1的证明,我们得到

$$\lim_{h \to 0} \int_s^t f(\tau, \hat{x}^h(\tau)) \mathrm{d}\tau = \int_s^t f(\tau, \hat{x}(\tau)) \mathrm{d}\tau;$$

$$\lim_{h \to 0} \int_s^t B_1(\tau, \hat{x}^h(\tau)) \hat{u}^h(\tau) \mathrm{d}\tau = \int_s^t B_1(\tau, \hat{x}(\tau)) \hat{u}(\tau) \mathrm{d}\tau;$$

$$\lim_{h \to 0} \int_s^t B_2(\tau, \hat{x}^h(\tau)) \hat{v}^h(\tau) \mathrm{d}\tau = \int_s^t B_2(\tau, \hat{x}(\tau)) \hat{v}(\tau) \mathrm{d}\tau.$$

注意到[31]中定理7.1的证明,当 $n \to \infty$ 时,我们有 $\hat{x}^{h_n} \to \hat{x}$ 和 $E_1 \hat{u}^{h_n} \to E_1 \hat{u}$. 设 $u_n^* \in \psi_1(E_1 \hat{u}^{h_n})$. 因为 ψ_1 是上半连续的有非空紧值,那么 $\{u_n^*\}$ 存在子列,记为 $\{u_{n_k}^*\}$,使得 $u_{n_k}^* \to u_0^*$,并且 $u_0^* \in \psi_1(E_1 \hat{u})$. 这意味着对任意连续函数:$\bar{u}:[0, T] \to K$,

$$\lim_{h \to 0} \int_0^T \langle G_1(t, \hat{x}^{h_n}(t)) + u_n^*(t), \bar{u}(t) - \hat{u}^{h_n}(t) \rangle \mathrm{d}t = \int_0^T \langle G_1(t, \hat{x}) + u_0^*(t), \bar{u} - \hat{u} \rangle \mathrm{d}t.$$

类似于[31]中定理7.1的证明,我们能证明

$$\int_0^T \langle G_1(t, \hat{x}) + u_0^*(t), \bar{u} - \hat{u} \rangle \mathrm{d}t \geqslant 0.$$

$j = 2$ 的情况的证明也是类似的,因此在这里省略.

注 3.4.1 定理3.4.1扩展了[31]中的定理7.1,将微分变分不等式扩展到微分集值变分不等式系统.

第4章　有限维空间中的微分逆变分不等式组

在本章我们介绍并研究了有限维空间中的微分逆变分不等式组. 在一些条件下, 我们获得了微分逆变分不等式组解集的线性增长结果, 在合适的条件下建立了微分逆变不等式组的 Carathéodory 弱解的存在性. 同时, 我们给出了一个将微分逆变分不等式应用到时间依赖的价格均衡控制问题的例子.

4.1　引言

设 $K \subset R^n$ 是一个非空闭凸集, $g:R^n \to R^n$ 是一个函数. 逆变分不等式 (IVI(K,g)) 如下: 找 $x^* \in R^n$, 使得

$$g(x^*) \in K, \quad \langle \tilde{g} - g(x^*), x^* \rangle \geqslant 0, \quad \forall \tilde{g} \in K.$$

设 SOLIVI(K,g) 表示这个问题的解集. 我们将函数 $x(t)$ 关于时间 t 的导数记为 $\dot{x} := \dfrac{\mathrm{d}x}{\mathrm{d}t}$.

下面我们介绍并研究微分逆变分不等式组 DIIVI:

$$\begin{cases} \dot{x} = f(t,x(t)) + B_1(t,x(t))u(t) + B_2(t,x(t))v(t), \\ u(t) \in \text{SOLIVI}(K, G_1(t,x(t)) + F_1(\bullet)), \\ v(t) \in \text{SOLIVI}(K, G_2(t,x(t)) + F_2(\bullet)), \\ x(0) = x_0, \end{cases} \quad (4.1.1)$$

式中, $\Omega := D[0,T] \times R^m$, $f:\Omega \to R^m$, $B_i:\Omega \to R^{m \times n}$, $F_i:R^n \to R^n (i=1,2)$ 是给定的映射. (x,u,v) 是 DIIVI(4.4.3) 的 Carathéodory 弱解当且仅当 x 在 $[0,T]$ 上是绝对连续的函数, u,v 在 $[0,T]$ 上是可积的函数, 并且使得对所有的 $t \in [0,T]$ 微分方程都成立, 而且对所有的 $t \in [0,T]$ 有 $u(t) \in \text{SOLIVI}(K, G_1(t,x(t)) + F_1(\bullet))$ 和 $v(t) \in \text{SOLIVI}(K, G_2(t,x(t)) + F_2(\bullet))$.

众所周知, 变分不等式理论在优化、工程、经济和交通方面都有广泛的应用[54,57,52,56,71,73]. 几个世纪以来, 带有光滑的输入函数的常微分方程在应用数学方面有很重要的应用价值. 然而, 在研究带有摩擦接触的多刚体动力学和混合工程系统时, 越来越多的学者发现常微分方程不能充分地处理一些来自工程中包含不等式和分离条件的问题. 为了解决这类问题, Pang 和 Stewart 在 [31] 中介绍并研究了

有限维空间中的微分变分不等式. 最近，Li 等在[44]中介绍并研究了有限维空间中的一类微分混和变分不等式，Wang 和 Huang 在[77]中介绍并研究了有限维空间中的微分向量变分不等式，更多相关的研究成果参见[46,68,70,64,51,55].

另外，He 等在[58]中第一次介绍并研究了有限维空间中可逆变分不等式. 他们提出在经济、管理科学和能源网络中有很多控制问题可以转化为可逆变分不等式模型，但是很难将其转化成古典的变分不等式. 进一步，He 等在[60]中给出了解可逆变分不等式的基本算法. He 和 Liu 在[61]中提出了两个解可逆变分不等式的投影算法. Yang 在[72]中考虑了动态的电价问题，并且将最优价格问题用发展型可逆变分不等式来描述. Scrimali 在[69]中研究了时间依赖的空间价格均衡控制问题，并把控制问题用发展型可逆变分不等式模型来描述. 更多的相关研究可以参见[59,62,65,63]. 显然，如果函数 g 是单值的，令 $u = g(x)$ 和 $p(u) = g^{-1}(u)$，那么可逆变分不等式可以转化为古典变分不等式. 然而，当 g 是集值的时候，可逆变分不等式就不能转化为古典变分不等式. 在一些实际的应用中，函数的显式表达不容易获得，那么也就不能相互转化[60]. 因此，研究右边函数被一个代数变量参数化的常微分方程，并且这个参数要求是一个含有系统状态变量的可逆变分不等式的解，是非常重要且有意义的.

在本章我们给出了逆变分不等式组(4.1.1)的解集的线性增长性质，并且给出了有限维空间中微分逆变分不等式组(4.1.1)的 Carathéodory 弱解的存在定理. 另外，微分逆变分不等式 DIVI 如下：

$$\begin{cases} \dot{x}(t) = f(t,x(t)) + B(t,x(t))u(t), \\ u(t) \in \mathrm{SOLIVI}(K,G(t,x(t)) + F(\cdot)), \\ x(0) = x_0, \end{cases} \tag{4.1.2}$$

式中，$\Omega := [0,T] \times R^m$，$(f,B,G):\Omega \to R^m \times R^{m \times n} \times R^n$ 是给定的函数，$F:R^n \to R^n$ 是一个单值线性函数. DIVI(4.1.2)的 Carathéodory 弱解集 (x,u) 记为 $\mathrm{SOLDIVI}(K,G+F)$. 我们给出了将此微分逆变分不等式应用到时间依赖的价格均衡控制问题中的例子.

4.2 预备知识

定义 4.2.1 映射 $f:R^n \to R^n$

(i)在凸集 $K \subset R^n$ 上是单调加的，如果 f 在 K 上单调，则有

$$\langle f(v) - f(u), v - u \rangle \geqslant 0, \ \forall v, u \in K,$$

并且对任意 $v, u \in K$，

$$\langle f(v) - f(u), v - u \rangle = 0 \Rightarrow f(v) = f(u).$$

(ii)在 K 上强单调，存在一个常数 $\alpha > 0$，使得对任意 $v, u \in K$，

$$\langle f(v) - f(u), v - u \rangle \geqslant \alpha \|v - u\|^2.$$

定义 4.2.2　映射 $F: \Omega \to R^n$（resp. $,B: \Omega \to R^{n \times m}$）是 Lispschitz 连续的，存在一个常数 $L_F > 0 (L_B > 0)$，使得对任意 $(t_1, x), (t_2, y) \in \Omega$，

$$\|F(t_1, x) - f(t_2, y)\| \leqslant L_F(|t_1 - t_2| + \|x - y\|),$$

$$(\text{resp. } ,\|B(t_1, x) - B(t_2, y)\| \leqslant L_B(|t_1 - t_2| + \|x - y\|)).$$

在本章我们假设（A）和（B）成立：

（A）f, B_1, B_2, G_1, G_2 是 Ω 上的 Lipschitz 连续函数，Lipschitz 常数分别为 $\rho_f, \rho_{B_1}, \rho_{B_2}, \rho_{G_1}, \rho_{G_2}$；

（B）B_1, B_2 在 Ω 上有界，并且 $\sigma_{B_i} := \sup\limits_{(t,x) \in \Omega} \|B_i(t, x)\| < \infty$，$i = 1, 2$.

设

$$F(t, x) := \{f(t, x) + B_1(t, x)u_1 + B_2(t, x)u_2 :$$

$$u_i \in \text{SOLIVI}(K, G_i(t, x) + F_i)\}, i = 1, 2. \tag{4.2.1}$$

4.3　微分逆变分不等式组的解的存在性分析

引理 4.3.1　设 (f, G_1, G_2, B_1, B_2) 满足条件（A）和（B），$F_i: R^n \to R^n$ 是连续的. 假设存在常数 $\rho_i > 0 (i = 1, 2)$，使得对所有的 $q_i \in G_i(\Omega)$，

$$\sup\{\|u_i\| : u_i \in \text{SOLIVI}(K, q_i + F_i)\} \leqslant \rho_i(1 + \|q_i\|), \tag{4.3.1}$$

那么存在常数 $\rho_F > 0$，使得（3.2.1）成立，其中 F 的定义见（4.2.1）. 因此 F 在 Ω 上是上半连续和闭值的.

证明　因为 f 和 G_1, G_2 是 Ω 上 Lipschitz 连续的，我们知道 f, G_1, G_2 在 Ω 上有线性增长，即对于常数 $\rho_f, \rho_{G_1}, \rho_{G_2}$ 和所有的 $(t, x) \in \Omega$，

$$\|f(t, x)\| \leqslant \rho_f(1 + \|x\|), \tag{4.3.2}$$

$$\|G_1(t, x)\| \leqslant \rho_{G_1}(1 + \|x\|), \tag{4.3.3}$$

$$\|G_2(t, x)\| \leqslant \rho_{G_2}(1 + \|x\|). \tag{4.3.4}$$

因此

$$\|f(t, x) + B_1(t, x)u_1 + B_2(t, x)u_2\|$$

$$\leqslant \rho_f(1 + \|x\|) + \sigma_{B_1}\|u_1\| + \sigma_{B_2}\|u_2\|$$

$$\leqslant \rho_f(1 + \|x\|) + \sigma_{B_1}(\rho_1(1 + \rho_{G_1}(1 + \|x\|))) + \sigma_{B_2}(\rho_{G_2}(1 + \|x\|)).$$

$$\tag{4.3.5}$$

这就说明存在 $\rho_F > 0$，使得

$$\sup\{\|y\| : y \in F(t, x)\} \leqslant \rho_F(1 + \|x\|).$$

下面我们证明 F 是上半连续的，由于 F 有线性增长，只需证明 F 是闭的. 设当 $n \to \infty$ 时，$(t_n, x_n) \subset \Omega \to (t_0, x_0) \in \Omega, f(t_n, x_n) + B_1(t_n, x_n)u_{1n} + B_2(t_n, x_n)u_{2n}$

$\rightarrow z_0 \in R^m$,其中

$$u_{in} \in \text{SOLIVI}(K, G_i(t_n, x_n) + F_i(\cdot)), \quad i = 1, 2.$$

这意味着

$$G_i(t_n, x_n) + F_i(u_{in}) \in K, \quad i = 1, 2 \tag{4.3.6}$$

和对任意的 $\widetilde{F} \in K$,

$$\langle \widetilde{F} - G_i(t_n, x_n) - F_i(u_{in}), u_{in} \rangle \geqslant 0, \quad i = 1, 2. \tag{4.3.7}$$

因为 $\{u_{in}\}$ 是有界的, 那么它一定存在收敛的子列, 不妨记为 $\{u_{in_k}\}$, 令 $u_{in_k} \rightarrow u_{i0} \in R^n (i = 1, 2)$. 因为 $F_i(i = 1, 2)$ 是连续的, K 是非空闭凸集, 那么由 (4.3.6) 和 (4.3.7), 我们可以得到

$$G_i(t_0, x_0) + F_i(u_{i0}) \in K, \quad i = 1, 2 \tag{4.3.8}$$

和对任意的 $\widetilde{F} \in K$,

$$\langle \widetilde{F} - G_i(t_0, x_0) - F_i(u_{i0}), u_{i0} \rangle \geqslant 0, \quad i = 1, 2. \tag{4.3.9}$$

因此

$$u_{i0} \in \text{SOLIVI}(K, G_i(t_0, x_0) + F_i(\cdot)), \quad i = 1, 2.$$

那么

$$z_0 = f(t_0, x_0) + B_1(t_0, x_0) u_{10} + B_2(t_0, x_0) u_{20} \in F(t_0, x_0).$$

所以 F 是闭的. 综上, F 是上半连续的集值映射, 有非空闭凸值, 并且满足线性增长条件 (3.2.1).

引理 4.3.2 设 (f, G_1, G_2, B_1, B_2) 满足条件 (A) 和 (B), $F_i : R^n \rightarrow R^n$ 是线性连续单调加的. 假设对所有的 $q_i \in G_i(\Omega)$, $\text{SOLIVI}(K, q_i + F_i(\cdot))(i = 1, 2)$ 是非空的, 那么对所有的 $q_i \in G_i(\Omega)$, $\text{SOLIVI}(K, q_i + F_i(\cdot))(i = 1, 2)$ 是非空闭凸的.

证明 设 $\{u_{in}\} \subset \text{SOLIVI}(K, q_i + F_i(\cdot))(i = 1, 2)$, 并且 $u_{in} \rightarrow u_{io}$. 那么

$$q_i + F_i(u_{in}) \in K, \quad i = 1, 2$$

和对任意的 $\widetilde{F} \in K$,

$$\langle \widetilde{F} - q_i - F_i(u_{in}), u_{in} \rangle \geqslant 0, \quad i = 1, 2.$$

因为 $F_i(i = 1, 2)$ 是连续的, K 是闭的, 那么

$$q_i + F_i(u_{i0}) \in K, \quad i = 1, 2$$

和对任意的 $\widetilde{F} \in K$,

$$\langle \widetilde{F} - q_i - F_i(u_{i0}), u_{i0} \rangle \geqslant 0, \quad i = 1, 2.$$

显然

$$u_{i0} \in \text{SOLIVI}(K, q_i + F_i(\cdot)), \quad i = 1, 2.$$

所以对所有的 $q_i \in G_i(\Omega)$, $\text{SOLIVI}(K, q_i + F_i(\cdot))(i = 1, 2)$ 是闭的.

接下来我们证明对于所有的 $q_i \in G_i(\Omega)$, $\text{SOLIVI}(K, q_i + F_i(\cdot))$ 是凸的.

设 $u_{i1}, u_{i2} \in \text{SOLIVI}(K, q_i + F_i(\cdot))(i = 1, 2)$, 那么

$$q_i + F_i(u_{i1}) \in K, \quad q_i + F_i(u_{i2}) \in K, \quad i = 1, 2 \tag{4.3.10}$$

并且对任意 $\widetilde{F} \in K$,

$$\langle \widetilde{F} - q_i - F_i(u_{i1}), u_{i1} \rangle \geqslant 0, \quad i = 1, 2 \qquad (4.3.11)$$

和

$$\langle \widetilde{F} - q_i - F_i(u_{i2}), u_{i2} \rangle \geqslant 0, \quad i = 1, 2. \qquad (4.3.12)$$

由 (5.3.7) 知，对每个 $\lambda \in [0, 1]$，

$$\lambda(q_i + F_i(u_{i1})) + (1 - \lambda)(q + F_i(u_{i2}))$$
$$= q_i + \lambda F_i(u_{i1}) + (1 - \lambda)F_i(u_{i2})$$
$$= q_i + F_i(\bar{u}_i) \in K, \quad i = 1, 2, \qquad (4.3.13)$$

式中，$\bar{u}_i = \lambda u_{i1} + (1 - \lambda)u_{i2}, i = 1, 2$。

在 (4.3.11) 中令 $\widetilde{F} = q_i + F_i(u_{i2})(i = 1, 2)$，我们有

$$\langle F(u_{i2}) - F(u_{i1}), u_{i1} \rangle \geqslant 0, \quad i = 1, 2. \qquad (4.3.14)$$

在 (4.3.12) 中令 $\widetilde{F} = q_i + F_i(u_{i1})(i = 1, 2)$，我们有

$$\langle F(u_{i2}) - F(u_{i1}), -u_{i2} \rangle \geqslant 0, \quad i = 1, 2. \qquad (4.3.15)$$

将 (4.3.14) 和 (4.3.15) 联立，我们有

$$\langle F(u_{i2}) - F(u_{i1}), u_{i1} - u_{i2} \rangle \geqslant 0, \quad i = 1, 2. \qquad (4.3.16)$$

因为 F 是单调的，我们有

$$\langle F(u_{i2}) - F(u_{i1}), u_{i1} - u_{i2} \rangle \leqslant 0, \quad i = 1, 2.$$

所以

$$\langle F(u_{i2}) - F(u_{i1}), u_{i1} - u_{i2} \rangle = 0, \quad i = 1, 2.$$

因为 F 是单调加的，所以 $F(u_{i2}) = F(u_{i1})$。

另外，由 λ 乘以 (4.3.11) 与 $(1 - \lambda)$ 乘以 (4.3.12) 相加后，我们得到对任意 $\widetilde{F} \in K$，

$$\langle \widetilde{F} - q_i - \lambda F_i(u_{i1}) - (1 - \lambda)F_i(u_{i2}), \lambda u_{i1} + (1 - \lambda)u_{i2} \rangle \geqslant 0.$$

这意味着

$$\langle \widetilde{F} - q_i - F(\bar{u}_i), \bar{u}_i \rangle \geqslant 0.$$

因此，对所有的 $q_i \in G_i(\Omega)$，有 $\bar{u} \in \mathrm{SOLIVI}(K, q_i + F_i(\bullet))$ 和 $\mathrm{SOLIVI}(K, q_i + F_i(\bullet))$ 是凸的。

定理 4.3.1　设 (f, G_1, G_2, B_1, B_2) 满足条件 (A) 和 (B)，$F_i: R^n \to R^n$ 是线性连续单调加的。假设对所有的 $q_i \in G_i(\Omega)$，$\mathrm{SOLIVI}(K, q_i + F_i(\bullet))$ 是非空的，并且对所有的 $q_i \in G_i(\Omega)$，(4.3.1) 成立，那么 DIIVI(4.1.1) 有 Carathéodory 弱解。

证明　由于

$$F(t, x) := \{f(t, x) + B_1(t, x)u_1 + B_2(t, x)u_2 :$$
$$u_i \in \mathrm{SOLIVI}(K, G_i(t, x) + F_i)\}, \quad i = 1, 2, \qquad (4.3.17)$$

那么根据引理 4.3.1 和引理 4.3.2，我们可以推出 F 是上半连续的集值映射，有非空闭凸值，并且满足线性增长条件 (3.2.1)。根据引理 3.2.1，我们得到微分包含

$$\mathrm{DI}: \dot{x} \in F(t, x), \quad x(0) = x^0$$

有 Carathéodory 弱解。根据 DI(参见 [27] 中的引理 1) 和 F 是线性增长的，我们推导

出如果 x 是 DI 的弱解,那么

$$\|x(t)\| \leqslant \|x^0\| + \int_0^t \rho_F(1 + \|x(s)\|) \mathrm{d}s.$$

利用 Gronwall 引理,我们有

$$\|x(t)\| \leqslant (\|x^0\| + \rho_F T) \exp(\rho_F T).$$

因此,令

$$U(t,x) \equiv \mathrm{SOLIVI}(K, G_1(t,x) + F_1(\cdot)) \times \mathrm{SOLIVI}(K, G_2(t,x) + F_2(\cdot))$$

和

$$h(t,x,u,v) \equiv f(t,x) + B_1(t,x)u_1 + B_2(t,x)u_2,$$

那么

$$\sup_{u \in U(t,x)} \leqslant \rho_1(1 + \|q_1\|) + \rho_2(1 + \|q_2\|)$$

$$\leqslant \rho_1(1 + \rho_{G_1}(1 + \|x\|)) + \rho_{G_2}(1 + \|x\|)$$

$$\leqslant c(1 + \|x\|), \tag{4.3.18}$$

式中,c 是常数. 根据引理 3.2.2,我们知道存在可测函数 $P:[0,T] \to R^m \times R^m$,使得

$$P(t) = (u(t),v(t)) \in U(t,x),$$

并且对所有的 $t \in [0,T]$,

$$\dot{x}(t) = f(t,x) + B_1(t,x)u(t) + B_2(t,x)v(t),$$

式中,$u(t) \in \mathrm{SOLIVI}(K, G_1(t,x) + F_1(\cdot))$,$v(t) \in \mathrm{SOLIVI}(K, G_2(t,x) + F_2(\cdot))$. 这说明微分逆变分不等式组 DIIVI(4.1.1)有 Carathéodory 弱解.

推论 4.3.1 设 f,G,B 在 Ω 上是 Lipschitz 连续的,并且 B 是有界的,满足 $\sigma_B = \sup\limits_{(t,x) \in \Omega} \|B(t,x)\| < \infty$,$F:R^n \to R^n$ 是线性连续单调加的. 假设对所有的 $q \in G(\Omega)$,$\mathrm{SOLIVI}(K, q + F) \neq \varnothing$,并且对所有的 $q \in G(\Omega)$,存在 $\rho > 0$,使得

$$\sup\{\|u\| : u \in \mathrm{SOLIVI}(K, q + F)\} \leqslant \rho(1 + \|q\|), \tag{4.3.19}$$

那么 DIVI(4.1.2)有 Carathéodory 弱解.

证明 令

$$U(t,x) \equiv \mathrm{SOLIVI}(K, G(t,x) + F(\cdot))$$

和

$$h(t,x,u,v) \equiv f(t,x) + B(t,x)u.$$

由定理 4.3.1 很容易得到 DIVI(4.1.2)有 Carathéodory 弱解.

下面我们将要讨论在哪些条件下,对所有的 $q_i \in G_i(\Omega)$,(4.3.1)成立,并且 $\mathrm{SOLIVI}(K, G_1(t,x) + F_1(\cdot)) \times \mathrm{SOLIVI}(K, G_2(t,x) + F_2(\cdot))$ 是非空的.

定理 4.3.2 设 $K \subset R^n$ 是非空紧凸集,$F_i:R^n \to R^n$ 是线性连续单调加的. 假设 $q + F_i$ 可逆,并且在 R^n 上是有界连续的. 那么对于所有的 $q \in R^n$,$\mathrm{SOLIVI}(K, q + F_i(\cdot))(i = 1,2)$ 是一个非空紧凸集,并且存在 $\rho_i > 0(i = 1,2)$,使得对于所有的 $q \in R^n$,(4.3.1)成立.

证明　对于任意 $v \in R^n$，令 $g_i(v) = (q + F_i)^{-1}(v) = y_{iv} (i = 1, 2)$，那么 g_i 在 R^n 上是连续的. 所以 $SOL(K, g_i)(i = 1, 2)$ 是非空的. 因此存在 $v_i \in K (i = 1, 2)$，使得

$$\langle \bar{u} - v_i, g_i(v_i) \rangle \geqslant 0, \quad \forall \bar{u} \in K.$$

这意味着存在 $y_{iv_i} \in R^n (i = 1, 2)$，使得

$$\langle \bar{u} - q - F_i(y_{iv_i}), y_{iv_i} \rangle \geqslant 0, \quad \forall \bar{u} \in K.$$

所以对任意 $q \in R^n$，$SOLIVI(K, q + F_i)(i = 1, 2)$ 是非空的. 根据引理 5.3.3 知对于每一个 $q \in R^n$，$SOLIVI(K, q + F_i(\bullet))(i = 1, 2)$ 是非空闭凸集. 对任意 $u_i \in SOLIVI(K, q + F_i(\bullet))(i = 1, 2)$，我们有

$$q + F_i(u_i) \in K, \quad i = 1, 2.$$

因为 K 是紧的，那么存在 $M > 0$，使得

$$\|q + F_i(u_i)\| \leqslant M, \quad i = 1, 2.$$

因此

$$\|u_i\| = \|(q + F_i)^{-1}(q + F_i(u_i))\|$$

是有界的. 那么对于每一个 $q \in R^n$，$SOLIVI(K, q + F_i(\bullet))(i = 1, 2)$ 是非空紧凸集. 所以存在 $\rho_i > 0$，使得对于所有的 $q \in R^n$，(4.3.1) 成立.

推论 4.3.2　设 $K \subset R^n$ 是非空紧凸集，$F: R^n \to R^n$ 是连续单调加的. 假设 $q + F$ 可逆，并且 $(q + F)^{-1}$ 是单值的，在 R^n 上是有界连续的，那么对于所有的 $q \in R^n$，$SOLIVI(K, q + F(\bullet))$ 是一个非空紧凸集，并且存在 $\rho > 0$，使得对于所有的 $q \in R^n$，有 (4.3.19) 成立.

定理 4.3.3　设 $K \subset R^n$ 是非空紧凸集，$F_i: R^n \to R^n$ 是连续并且严格单调的，$F_i(i = 1, 2)$ 是满射的. 那么对任意 $q \in R^n$，我们有 $SOLIVI(K, q + F_i(\bullet))(i = 1, 2)$ 是单元素集，并且存在 $\rho > 0$，使得对任意 $q \in R^n$ 有 (4.3.1) 成立.

证明　因为 $F_i(i = 1, 2)$ 在 R^n 上连续并且严格单调，我们有 $q + F_i(i = 1, 2)$ 在 R^n 上连续并且严格单调. 因此 $(q + F)^{-1}(i = 1, 2)$ 在 R^n 上连续并且严格单调. 根据 [66] 中定理 8.1，有 $SOL(K, (q + F_i)^{-1})(i = 1, 2)$ 非空. 再根据定理 4.3.2 知 $SOLIVI(K, (q + F_i))(i = 1, 2)$ 非空. 那么对任意 $u_{i1}, u_{i2} \in SOLIVI(K, (q + F_i))(i = 1, 2)$，有

$$q + F_i(u_{i1}) \in K, \langle \widetilde{F} - q - F_i(u_{i1}), u_{i1} \rangle \geqslant 0, \quad i = 1, 2, \quad \forall \widetilde{F} \in K$$

和

$$q + F_i(u_{i2}) \in K, \langle \widetilde{F} - q - F_i(u_{i2}), u_{i2} \rangle \geqslant 0, \quad i = 1, 2, \quad \forall \widetilde{F} \in K.$$

根据上面两个不等式，我们得到

$$\langle F_i(u_{i1}) - F_i(u_{i2}), u_{i1} - u_{i2} \rangle \leqslant 0, \quad i = 1, 2.$$

因为 $F_i(i = 1, 2)$ 在 R^n 上是严格单调的，那么 $u_{i1} = u_{i2}(i = 1, 2)$，所以存在 $\rho_i > 0$，使得对于所有的 $q \in R^n$ 有 (4.3.1) 成立.

推论 4.3.3　设 $K \subset R^n$ 是非空紧凸集，$F: R^n \to R^n$ 是连续并且严格单调的，对

于 $q \in R^n, q + F$ 是满射的. 那么对任意 $q \in R^n$, SOLIVI$(K, q + F(\cdot))$ 是单元素集,并且存在 $\rho > 0$,使得对任意 $q \in R^n$ 有(4.3.19)成立.

定理 4.3.4 设 $F_i : R^n \to R^n$ 是线性连续单调加的. 假设对任意 $u_i, y_i \in R^n (i = 1, 2)$,存在 $u_{i0}, y_{i0} \in R^n (i = 1, 2)$,使得当 $\|u_i\|^2 + \|y_i\|^2 \to +\infty (i = 1, 2)$ 时,

$$\frac{\langle q + F_i(u), u_i - u_{i0} \rangle - \langle u_i, y_{i0} \rangle + \langle u_{i0}, y_i \rangle}{(\|u_i\|^2 + \|y_i\|^2)^{\frac{1}{2}}} \to +\infty, \quad i = 1, 2.$$

(4.3.20)

并且存在 $F^{i0} \in R^n (i = 1, 2)$,使得

$$\liminf_{\|u_i\| \to \infty} \frac{\langle F_i(u_i) - F^{i0}, u_i \rangle}{\|u_i\|^2} > 0, \quad i = 1, 2. \quad (4.3.21)$$

那么对于所有的 $q \in R^n$, SOLIVI$(R^n, q + F_i(\cdot))(i = 1, 2)$ 是非空闭凸集,并且存在 $\rho_i > 0 (i = 1, 2)$,使得对所有的 $q \in R^n$ 有(4.3.1)成立.

证明 由[58]中引理 4.1 知可逆变分不等式 IVI$(R^n, q + F_i)(i = 1, 2)$:找 $u_i \in R^n (i = 1, 2)$,使得 $q + F_i(u_i) \in R^n (i = 1, 2)$ 和

$$\langle \widetilde{F} - q - F_i(u_i), u_i \rangle \geqslant 0, \quad i = 1, 2 \quad \forall \widetilde{F} \in R^n,$$

等价于变分不等式 VI$(R^{2n}, P_i)(i = 1, 2)$:找 $v_i \in R^{2n}$,使得

$$\langle \tilde{v} - v_i, P_i(v_i) \rangle \geqslant 0, \quad i = 1, 2 \quad \forall \tilde{v} \in R^{2n},$$

式中,

$$v_i = \begin{pmatrix} u_i \\ y_i \end{pmatrix}, \quad P_i(v_i) = \begin{pmatrix} q + F(u_i) - y_i \\ u_i \end{pmatrix}.$$

因为 $F_i(i = 1, 2)$ 是单调的,我们有

$$\langle P_i(v_{i1}) - P_i(v_{i2}), v_{i1} - v_{i2} \rangle$$

$$= \begin{pmatrix} F_i(u_{i1}) - y_{i1} - F_i(u_{i2}) + y_{i2} \\ u_{i1} - u_{i2} \end{pmatrix}^{\mathrm{T}} \begin{pmatrix} u_{i1} - u_{i2} \\ y_{i1} - y_{i2} \end{pmatrix}$$

$$= \langle F_i(u_{i1}) - F_i(u_{i2}) - y_{i1} + y_{i2}, u_{i1} - u_{i2} \rangle + \langle u_{i1} - u_{i2}, y_{i1} - y_{i2} \rangle$$

$$= \langle F_i(u_{i1}) - F_i(u_{i2}), u_{i1} - u_{i2} \rangle$$

$$\geqslant 0.$$

所以 $P_i(i = 1, 2)$ 在 R^{2n} 上单调. 那么存在 $v_{i0} = \begin{pmatrix} u_{i0} \\ y_{i0} \end{pmatrix}$,使得当 $\|u_i\|^2 + \|y_i\|^2 \to +\infty (i = 1, 2)$ 时,我们有

$$\frac{\langle P_i(v_i), v_i - v_{i0} \rangle}{\|v_i\|} = \frac{\langle q + F_i(u_i) - y_i, u_i - u_{i0} \rangle + \langle u_i, y_i - y_{i0} \rangle}{(\|u_i\|^2 + \|y_i\|^2)^{\frac{1}{2}}} \to +\infty, \quad i = 1, 2.$$

这意味着当 $\|v_i\| \to +\infty (i = 1, 2)$ 时,我们有

$$\frac{\langle P_i(v_i), v_i - v_{i0} \rangle}{\|v_i\|} \to +\infty, \quad i = 1, 2.$$

由[44]中定理 3.2 我们知道 SOL$(R^{2n}, P_i)(i = 1, 2)$ 是一个非空集合,所以 SOLIVI$(R^n, q + F_i(\cdot))(i = 1, 2)$ 是非空的. 根据引理 4.3.2 知对每一个 $q \in R^n$,

$\text{SOLIVI}(R^n, q + F_i(\bullet))(i = 1, 2)$ 是一个非空闭凸集.

接下来我们证明第二个结论. 假设结论不成立, 那么存在 $\{q_k^i\} \subset R^n (i = 1, 2)$ 和 $\{u_k^i\} \subset R^n (i = 1, 2)$, 使得对任意 $\widetilde{F} \in R^n$, 有

$$\langle \widetilde{F} - q_k^i - F_i(u_k^i), u_k^i \rangle \geqslant 0, \quad i = 1, 2 \tag{4.3.22}$$

和 $\|u_k^i\| > k(1 + \|q_k^i\|)(i = 1, 2)$. 显然 $\{u_k^i\}(i = 1, 2)$ 是有界的. 由 (4.3.22) 知

$$\langle F^{i0} - q_k^i - F_i(u_k^i), u_k^i \rangle \geqslant 0, \quad i = 1, 2.$$

所以

$$\langle F_i(u_k^i) - F^{i0}, u_k^i \rangle \leqslant \langle -q_k^i, u_k^i \rangle, \quad i = 1, 2.$$

两边除以 $\|u_k^i\|^2 (i = 1, 2)$, 有

$$\liminf_{k \to \infty} \frac{\langle F_i(u_k^i) - F^{i0}, u_k^i \rangle}{\|u_k^i\|^2} \leqslant 0, \quad i = 1, 2.$$

这与 (4.3.21) 矛盾.

推论 4.3.4　设 $F : R^n \to R^n$ 是连续单调加的. 假设对任意 $u, y \in R^n$, 存在 u_0, $y_0 \in R^n$, 使得当 $\|u\|^2 + \|y\|^2 \to +\infty$ 时, 我们有

$$\frac{\langle q + F(u), u - u_0 \rangle - \langle u, y_0 \rangle + \langle u_0, y \rangle}{(\|u\|^2 + \|y\|^2)^{\frac{1}{2}}} \to +\infty, \tag{4.3.23}$$

并且存在 $F^0 \in R^n$, 使得

$$\liminf_{\|u\| \to \infty} \frac{\langle F(u) - F^0, u \rangle}{\|u\|^2} > 0, \tag{4.3.24}$$

那么对于所有的 $q \in R^n$, $\text{SOLIVI}(R^n, q + F(\bullet))$ 是非空闭凸集, 并且存在 $\rho > 0$, 使得对所有的 $q \in R^n$ 有 (4.3.19) 成立.

定理 4.3.5　设 $F_i : R^n \to R^n (i = 1, 2)$ 是线性连续单调加的. 假设对于所有的 $q \in R^n$, $\text{SOLIVI}(R^n, q + F_i(\bullet)) \neq \varnothing$ $(i = 1, 2)$, 并且存在 $F^{i0} \in R^n (i = 1, 2)$, 使得当 $\|u\| \to +\infty$ 时, 我们有

$$\frac{\langle F_i(u) - F^{i0}, u \rangle}{\|u\|} \to +\infty, i = 1, 2, \tag{4.3.25}$$

那么对于所有的 $q \in R^n$, $\text{SOLIVI}(R^n, q + F_i(\bullet))$ 是一个非空闭凸集, 并且存在 $\rho_i > 0$, 使得对所有的 $q \in S$ 有 (4.3.1) 成立, 其中 S 是有界集.

证明　类似于定理 4.3.2 的证明, 我们知道对所有的 $q \in R^n$, $\text{SOLIVI}(R^n, q + F_i(\bullet))(i = 1, 2)$ 是非空闭凸集.

接下来我们证明第二个结论. 假设结论不成立, 则存在 $\{q_k^i\} \subset S$ 和 $\{u_k^i\} \subset R^n$, 使得对任意 $\widetilde{F} \in R^n$, 有

$$\langle \widetilde{F} - q_k^i - F_i(u_k^i), u_k^i \rangle \geqslant 0, \quad i = 1, 2 \tag{4.3.26}$$

和

$$\|u_k^i\| > k(1 + \|q_k^i\|), \quad i = 1, 2.$$

显然 $\{u_k^i\}$ 是有界的. 由 (4.3.26) 我们知道

$$\langle F^0 - q_k^i - F_i(u_k^i), u_k^i \rangle \geqslant 0, \quad i = 1, 2.$$

这意味着

$$\langle F_i(u_k^i) - F^{i0}, u_k^i \rangle \leqslant \langle -q_k^i, u_k^i \rangle, \quad i = 1, 2.$$

两边除以 $\|u_k^i\|$，有

$$\frac{\langle F_i(u_k^i) - F^{i0}, u_k^i \rangle}{\|u_k^i\|} \leqslant \frac{\langle -q_k^i, u_k^i \rangle}{\|u_k^i\|}, \quad i = 1, 2.$$

因为 $\{q_k^i\}$ 是有界的，那么存在常数 C，使得

$$\frac{\langle F_i(u_k^i) - F^{i0}, u_k^i \rangle}{\|u_k^i\|} \leqslant C, \quad i = 1, 2.$$

这与(4.3.25)矛盾.

推论 4.3.5 设 $F: R^n \to R^n$ 是线性连续单调加的. 假设对于所有的 $q \in R^n$，SOLIVI$(R^n, q + F(\cdot)) \neq \varnothing$，并且存在 $F^0 \in R^n$，使得当 $\|u\| \to +\infty$ 时，

$$\frac{\langle F(u) - F^0, u \rangle}{\|u\|} \to +\infty, \tag{4.3.27}$$

那么对于所有的 $q \in R^n$，SOLIVI$(R^n, q + F(\cdot))$ 是一个非空闭凸集，并且存在 $\rho > 0$，使得对所有的 $q \in S$，

$$\sup\{\|u\| : u \in \text{SOLIVI}(K, q + F)\} \leqslant \rho(1 + \|q\|),$$

其中 S 是有界集.

设 $S_i := \{v \in R^n : \langle F_i v, v \rangle = 0\}$. 那么易知 S_i 是 R^n 中的线性空间，并且 $S_i^\perp$ 也是 R^n 中的一个线性子空间.

定理 4.3.6 设 $F_{i_{n \times n}}$ 是半正定的. 假设对任意 $n \in N$，SOLIVI$\left(R^n, q_i + \left(1 - \frac{1}{n}\right)F_i + \frac{1}{n}I\right) \neq \varnothing$，其中 I 是 R^n 上的恒等映射. 那么

(i)对于所有的 $q_i \in S_i^\perp$，SOLIVI$(R^n, q_i + F_i(\cdot))$ 是一个非空闭凸集；

(ii)存在常数 $\rho_i > 0$，使得

$$\sup\{\|u_i\| : u_i \in \text{SOLIVI}(R^n, q_i + F_i(\cdot))\} \leqslant \rho_i(1 + \|q_i\|).$$

证明 我们用 SOLIVI$_n(F_{i_n})$ 表示 SOLIVI$\left(R^n, q_i + \left(1 - \frac{1}{n}\right)F_i + \frac{1}{n}I\right)$. 我们假设 $\bigcup_{n \in N}$ SOLIVI$_n(F_{i_n})$ 无界，那么存在序列 $\{u_n^i\} \subset R^n$，使得对任意 $\widetilde{F} \in R^n$，有

$$\left\langle \widetilde{F} - q - \left(1 - \frac{1}{n}\right)F_i(u_n^i) - \frac{1}{n}I(u_n^i), u_n^i \right\rangle \geqslant 0, \quad i = 1, 2, \tag{4.3.28}$$

式中，$\|u_n^i\| \to \infty (i = 1, 2)$.

设

$$\lim_{n \to \infty} \frac{u_n^i}{\|u_n^i\|} = u_\infty, \quad i = 1, 2.$$

两边除以 $\|u_n^i\|^2 (i = 1, 2)$，并且在(4.3.28)中令 $n \to \infty$，有

$$\langle F_i(u_\infty^i), u_\infty^i \rangle \leqslant 0, \quad i = 1, 2.$$

因为 $F_i(i = 1, 2)$ 是半正定的，所以

$$\langle F_i(u_\infty^i), u_\infty^i \rangle = 0, \quad i = 1,2.$$

因此

$$u_\infty^i \in S, \quad i = 1,2.$$

因为

$$\left\langle \left(1 - \frac{1}{n}\right) F_i(u_n^i) + \frac{1}{n} I(u_n^i), u_n^i \right\rangle \geqslant 0, \quad i = 1,2,$$

由(4.3.28)知

$$\langle \widetilde{F} - q_i, u_n^i \rangle \geqslant 0, \quad i = 1,2,$$

所以

$$\left\langle \widetilde{F} - q_i, \frac{u_n^i}{\| u_n^i \|} \right\rangle \geqslant 0, \quad i = 1,2.$$

令 $n \to \infty$,有

$$\langle \widetilde{F} - q_i, u_\infty^i \rangle \geqslant 0, \quad i = 1,2.$$

因为 $u_\infty^i \in S$ 和 $q_i \in S_i^\perp (i = 1,2)$,我们得到

$$\langle \widetilde{F}, u_\infty^i \rangle \geqslant 0, \quad i = 1,2.$$

取 $\widetilde{F} = -u_\infty^i (i = 1,2)$,我们得到矛盾. 因此 $\bigcup_{n \in N} \mathrm{SOLIVI}_n(F_{i_n})$ 有界,那么存在一个收敛的子列收敛到 u_0^i. 由(4.3.28)我们知道,对任意 $\widetilde{F} \in R^n$,

$$\langle \widetilde{F} - q_i - F_i(u_0^i), u_0^i \rangle \geqslant 0, \quad i = 1,2.$$

这意味着

$$u_0^i \in \mathrm{SOLIVI}(R^n, q_i + F_i(\cdot)), \quad i = 1,2.$$

所以对所有的 $q_i \in S_i^\perp$, $\mathrm{SOLIVI}(R^n, q_i + F_i(\cdot))(i = 1,2)$ 是非空的. 类似于引理 5.3.3 的证明,我们易知对所有的 $q_i \in S_i^\perp$, $\mathrm{SOLIVI}(R^n, q_i + F_i(\cdot))(i = 1,2)$ 是非空闭凸集.

接下来我们证明第二个结论. 假设结论不成立,那么存在 $\{q_k^i\} \subset S_i^\perp$ 和 $\{u_k^i\}$,使得对给定的 $\widetilde{F} \in R^n$,有

$$\langle \widetilde{F} - q_k^i - F(u_k^i), u_k^i \rangle \geqslant 0, \quad i = 1,2 \tag{4.3.29}$$

和

$$\| u_k^i \| > k(1 + \| q_k^i \|), \quad i = 1,2.$$

这意味着

$$\lim_{k \to \infty} \| u_k^i \| = \infty, \quad \lim_{k \to \infty} \frac{\| q_k^i \|}{\| u_k^i \|} = 0, \quad i = 1,2.$$

因为 $\{q_k^i\} \subset S_B^\perp (i = 1,2)$ 是有界的,不失一般性,我们假设

$$\lim_{k \to \infty} q_k^i = q_\infty^i \in S_B^\perp, \quad i = 1,2$$

和

$$\lim_{k \to \infty} \frac{u_k^i}{\| u_k^i \|} = u_\infty^i, \quad i = 1,2.$$

由(4.3.29)知

$$\left\langle \frac{\widetilde{F} - q_k^i - F_i(u_k^i)}{\|u_k^i\|}, \frac{u_k^i}{\|u_k^i\|} \right\rangle \geqslant 0, \quad i = 1,2.$$

令 $k \to \infty$，有

$$\langle F(u_\infty^i), u_\infty^i \rangle \leqslant 0, \quad i = 1,2.$$

因为 F_i 是半正定的，我们得到

$$\langle F(u_\infty^i), u_\infty^i \rangle = 0, \quad i = 1,2.$$

这意味着 $u_\infty^i \in S_i (i = 1,2)$. 因为 F_i 是半正定的，由(4.3.29)知，对任意 $\widetilde{F} \in R^n$,

$$\langle \widetilde{F} - q_k^i, u_k^i \rangle \geqslant 0, \quad i = 1,2.$$

这意味着

$$\left\langle \widetilde{F} - q_k^i, \frac{u_k^i}{\|u_k^i\|} \right\rangle \geqslant 0, \quad i = 1,2.$$

所以

$$\langle \widetilde{F} - q_\infty^i, u_\infty^i \rangle \geqslant 0, \quad i = 1,2.$$

因为 $u_\infty^i \in S_i$ 和 $q_\infty^i \in S_i^\perp$，我们有

$$\langle \widetilde{F}, u_\infty^i \rangle \geqslant 0.$$

得到矛盾.

推论 4.3.6 设 $S: = \{v \in R^n : \langle Fv, v \rangle = 0\}$, $F_{n \times n}$ 是半正定的. 假设对任意的 $n \in N$, $\mathrm{SOLIVI}\left(R^n, q + \left(1 - \frac{1}{n}\right)F + \frac{1}{n}I\right) \neq \varnothing$，其中 I 是 R^n 上的恒等映射. 那么

(i)对于所有的 $q \in S^\perp$, $\mathrm{SOLIVI}(R^n, q + F(\bullet))$ 是一个非空闭凸集;

(ii)存在常数 $\rho > 0$，使得

$$\sup\{\|u\| : u \in \mathrm{SOLIVI}(R^n, q + F(\bullet))\} \leqslant \rho(1 + \|q\|).$$

引理 4.3.3 设 K 是非空闭凸集, $F_i : R^n \to R^n (i = 1,2)$ 是连续单调加的. 如果对任意 $q \in R^n$, $\mathrm{SOLIVI}(K, q + F_i(\bullet)) \neq \varnothing$，并且线性增长，那么 $A_i : R^n \to R^n (i = 1,2)$ 是连续的，其中 A_i 定义为对任意 $q \in R^n$ 和 $u_i \in \mathrm{SOLIVI}(K, q + F_i(\bullet))$, $A_i(q) = F_i(u_i) (i = 1,2)$.

证明 设 $q_n \to q$ 和 $u_n^i \in \mathrm{SOLIVI}(K, q_n + F_i(\bullet))(i = 1,2)$，那么

$$q_n + F_i(u_n^i) \in K, \quad i = 1,2,$$

并且

$$\langle \widetilde{F} - q_n - F(u_n^i), u_n^i \rangle \geqslant 0, \quad i = 1,2, \quad \widetilde{F} \in K.$$

因此 $\{u_n^i\}(i = 1,2)$ 是有界的，并且 $\{u_n^i\}$ 存在收敛子列，记为 $\{u_{n_k}^i\}$，同时 $u_{n_k}^i \to u_0^i (i = 1,2)$. 因为 K 是闭的, F 是连续的，我们有

$$q + F_i(u_0^i) \in K, \quad i = 1,2$$

和

$$\langle \widetilde{F} - q - F(u_0^i), u_0^i \rangle \geqslant 0, \quad i = 1,2, \quad \forall \widetilde{F} \in K.$$

这意味着

$$u_0^i \in \mathrm{SOLIVI}(K, q + F_i(\bullet)), \quad i = 1,2.$$

假设存在 $\{u_n^i\}$ 的收敛子列，记为 $\{u_{n_k}^i\}$，并且 $u_{n_k}^i \to u_1^i$，那么

$$u_1^i \in \mathrm{SOLIVI}(K, q + F_i(\bullet)).$$

从引理 5.3.3 的证明中，易知对所有的 $u_i \in \mathrm{SOLIVI}(K, q + F_i(\bullet))$，我们有 $F_i(u_i)(i = 1,2)$ 是常数，因此

$$F_i(u_0^i) = F_i(u_1^i), \quad i = 1,2,$$

那么

$$A_i(q_n) = F_i(u_n^i) \to F_i(u_1^i) = A_i(q), \quad i = 1,2.$$

定理 4.3.7　设 $F_i \in R^{n \times n}$ 是半正定的. 我们假设对所有的 $q \in R^n$，$\mathrm{SOLIVI}(R^n, q + F_i(\bullet)) \neq \varnothing (i = 1,2)$，并且存在常数 $\rho_i > 0 (i = 1,2)$，使得 (4.3.1) 成立. 设 $D_i : R^n \to R^n (i = 1,2)$ 是一个连续映射，使得

$$\|D_i(u)\| \leqslant L_{D_i} \|u\|, \quad \forall u \in R^n, \tag{4.3.30}$$

式中，$L_{D_i} \in \left(0, \dfrac{1}{\rho_i}\right) (i = 1,2)$ 是常数. 那么对任意 $q \in R^n$，$\mathrm{SOLIVI}(R^n, q + H_i)(i = 1,2)$ 是非空闭集，其中 $H_i = F_i + D_i (i = 1,2)$，并且

$$\sup\{\|u_i\| : u_i \in \mathrm{SOLIVI}(R^n, q + H_i)\} \leqslant \frac{\rho_i(1 + \|q\|)}{1 - \rho_i L_{D_i}}. \tag{4.3.31}$$

进一步假设存在常数 $L_{A_i} > 0$ 和 $L_i \in \left(0, \dfrac{1}{L_{A_i}}\right)(i = 1,2)$，使得

$$\begin{cases} \|A_i(q_1) - A_i(q_2)\| \leqslant L_{A_i} \|q_1 - q_2\|, & \forall q_1, q_2 \in R^n, \quad i = 1,2, \\ \|D_i(u_1) - D_i(u_2)\| \leqslant L \|F_i(u_1) - F_i(u_2)\|, & \forall u_1, u_2 \in R^n, \quad i = 1,2, \end{cases} \tag{4.3.32}$$

式中，$A_i(i = 1,2)$ 的定义见引理 4.3.3. 那么对所有的 $q_j \in R^n$ 和

$$u_j^i \in \mathrm{SOLIVI}(R^n, q_j + H_i),$$

式中，$i, j = 1,2$，有

$$\|F_i u_1^i - F_i u_2^i\| \leqslant \frac{L_{A_i} \|q_1 - q_2\|}{1 - L_{A_i} L_i}, \quad i = 1,2. \tag{4.3.33}$$

并且，对任意 $q \in R^n$ 满足 $\mathrm{SOLIVI}(R^n, q + H_i) = F_i^{-1} v_i(q) \bigcap \{v_i : \langle F' - w_i(q), vi \rangle \geqslant 0, \forall F' \in R^n\}(i = 1,2)$，其中 $v_i(q) = F_i \hat{u}_i (i = 1,2)$，$w_i(q) = q + H_i(\hat{u}_i)(i = 1,2)$，对任意 $\hat{u}_i \in \mathrm{SOLIVI}(R^n, q + H_i)(i = 1,2)$，$F_i^{-1} v_i(q)(i = 1,2)$ 是 $v_i(q)$ 的逆映象.

证明　类似于 [44] 中定理 3.5 的证明，我们可以得到除了最后一个以外的所有结论. 现在我们证明最后一个结果. 对任意 $u_1^i, u_2^i \in \mathrm{SOLIVI}(R^n, q + H_i)(i = 1, 2)$，由不等式 (4.3.38)，我们得到

$$\| F_i u_1^i - F_i u_2^i \| = 0, \quad i = 1, 2.$$

这意味着对所有的 $u_i \in \mathrm{SOLIVI}(R^n, q + H_i)(i = 1, 2)$，我们有 $F_i u_i$ 是常数向量. 进而，由 (4.3.37) 知

$$\| D_i u_1^i - D_i u_2^i \| = 0, \quad i = 1, 2.$$

那么对所有的 $u_i \in \mathrm{SOLIVI}(R^n, q + H_i)$，我们知道 $D_i u_i (i = 1, 2)$ 和 $H_i(u_i)$ $(i = 1, 2)$ 是常数向量. 对任意 $u_i \in \mathrm{SOLIVI}(R^n, q + H_i), v_i, \widetilde{F} \in R^n$，有

$$F_i u_i = F_i \hat{u} = v_i(q), \quad i = 1, 2.$$

所以 $u_i \in F_i^{-1} v_i(q) (i = 1, 2)$. 因为

$$w_i(q) = q + H_i(\hat{u}_i), \quad \hat{u}_i \in \mathrm{SOLIVI}(R^n, q + H_i), \quad i = 1, 2,$$

我们得到 $v_i(q)$ 和 $w_i(q)$ 是常数. 进而，对任意 $u_i \in \mathrm{SOLIVI}(R^n, q + H_i)(i = 1, 2)$，有

$$\langle \widetilde{F} - q - H_i(u_i), u_i \rangle \geqslant 0, \quad i = 1, 2.$$

这意味着

$$\langle \widetilde{F} - q - H_i(\hat{u}), u_i \rangle \geqslant 0, \quad i = 1, 2.$$

结果我们有

$$\langle \widetilde{F} - w_i(q), u_i \rangle \geqslant 0, \quad i = 1, 2.$$

显然

$$\mathrm{SOLIVI}(R^n, q + H_i) \subset F_i^{-1} v_i(q) \cap \{ v_i : \langle \widetilde{F} - w_i(q), v_i \rangle \geqslant 0, \forall \widetilde{F} \in R^n \}, i = 1, 2.$$

反之，对任意

$$u_i \in F_i^{-1} v_i(q) \cap \{ v_i : \langle \widetilde{F} - w_i(q), v_i \rangle \geqslant 0, \forall \widetilde{F} \in R^n \}, \quad i = 1, 2,$$

我们有

$$F_i u_i = v_i(q) = F_i \hat{u}_i, \quad i = 1, 2,$$

式中，$\hat{u}_i \in \mathrm{SOLIVI}(R^n, q + H_i)(i = 1, 2)$. 由 (4.3.37) 知

$$D_i u = D_i \hat{u}_i, \quad i = 1, 2.$$

所以

$$H_i(u_i) = H_i(\hat{u}_i), \quad i = 1, 2.$$

因此

$$0 \leqslant \langle \widetilde{F} - w_i(q), u_i \rangle = \langle \widetilde{F} - q - H_i \hat{u}_i, u_i \rangle = \langle \widetilde{F} - q - H_i u_i, u_i \rangle, \quad i = 1, 2.$$

所以

$$u_i \in \mathrm{SOLIVI}(R^n, q + H_i), \quad i = 1, 2.$$

这说明

$$\mathrm{SOLIVI}(R^n, q + H_i) = F_i^{-1} v_i(q) \cap \{ v_i : \langle \widetilde{F} - w_i(q), v_i \rangle \geqslant 0, \forall F' \in R^n \}, i = 1, 2.$$

接下来我们证明 $u_i \in \mathrm{SOLIVI}(R^n, q + H_i)(i = 1, 2)$ 是凸集. 事实上，对任意 $u_1^i, u_2^i \in \mathrm{SOLIVI}(R^n, q + H_i)(i = 1, 2)$，我们只需说明对于所有的 $\lambda \in [0, 1]$，有

$$\hat{u}_i = \lambda u_1^i + (1 - \lambda) u_2^i \in \mathrm{SOLIVI}(R^n, q + H_i), \quad i = 1, 2.$$

由 $F(u_1^i) = F(u_2^i) = v_i(q)(i = 1, 2)$，有

$$F_i(\lambda u_1^i + (1-\lambda)u_2^i) = \lambda F(u_1^i) + (1-\lambda)F(u_2^i) = v_i(q), \quad i = 1,2.$$

这意味着

$$\hat{u}_i \in F_i^{-1}v_i(q), \quad i = 1,2.$$

并且，对任意 $\widetilde{F} \in R^n$，

$$\langle \widetilde{F} - w_i(q), u_1^i \rangle \geqslant 0, \quad \langle \widetilde{F} - w_i(q), u_2^i \rangle \geqslant 0, \quad i = 1,2.$$

因此

$$\langle \widetilde{F} - w_i(q), \hat{u} \rangle \geqslant 0.$$

所以

$$\hat{u}_i \in F_i^{-1}v_i(q) \bigcap \{v_i : \langle \widetilde{F} - w_i(q), v_i \rangle \geqslant 0, \forall \widetilde{F} \in R^n\}, \quad i = 1,2.$$

这表明

$$\hat{u}_i \in \mathrm{SOLIVI}(R^n, q + H_i), \quad i = 1,2.$$

推论 4.3.7 设 $F \in R^{n \times n}$ 是半正定的. 进一步，假设对所有的 $q \in R^n$，$\mathrm{SOLIVI}(R^n, q + F(\cdot)) \neq \varnothing$，并且存在常数 $\rho > 0$，使得

$$\sup\{\|u\|: \in \mathrm{SOLIVI}(K, q + F)\} \leqslant \rho(1 + \|q\|). \tag{4.3.34}$$

设 $D: R^n \to R^n$ 是一个连续映射，使得

$$\|D(u)\| \leqslant L_D \|u\|, \quad \forall u \in R^n, \tag{4.3.35}$$

式中，$L_D \in \left(0, \dfrac{1}{\rho}\right)$ 是常数. 那么对任意 $q \in R^n$，$\mathrm{SOLIVI}(R^n, q + H)$ 是非空闭集，其中 $H = F + D$. 并且，

$$\sup\{\|u\|: u \in \mathrm{SOLIVI}(R^n, q + H)\} \leqslant \dfrac{\rho(1 + \|q\|)}{1 - \rho L_D}. \tag{4.3.36}$$

设对于任意 $q \in R^n$ 和 $u \in \mathrm{SOLIVI}(K, q + F(\cdot))$，$A(q) = F(u)$. 进一步假设存在常数 $L_A > 0$ 和 $L \in \left(0, \dfrac{1}{L_A}\right)$，使得

$$\begin{cases} \|A(q_1) - A(q_2)\| \leqslant L_A \|q_1 - q_2\|, & \forall q_1, q_2 \in R^n, \\ \|D(u_1) - D(u_2)\| \leqslant L \|F(u_1) - F(u_2)\|, & \forall u_1, u_2 \in R^n. \end{cases} \tag{4.3.37}$$

那么对所有的 $q_i \in R^n$ 和 $u_i \in \mathrm{SOLIVI}(R^n, q + H)(i = 1,2)$，有

$$\|Fu_1 - Fu_2\| \leqslant \dfrac{L_A \|q_1 - q_2\|}{1 - L_A L}. \tag{4.3.38}$$

并且，对任意 $q \in R^n$，

$$\mathrm{SOLIVI}(R^n, q + H) = F^{-1}v(q) \bigcap \{v : \langle F' - w(q), v \rangle \geqslant 0, \forall F' \in R^n\},$$

式中，$v(q) = F\hat{u}$，$w(q) = q + H(\hat{u})$，对任意 $\hat{u} \in \mathrm{SOLIVI}(R^n, q + H)$，$F^{-1}v(q)$ 是 $v(q)$ 的逆映象.

定理 4.3.8 设 $F_i: R^n \to R^n (i = 1,2)$ 是给定的函数，(f, G_1, G_2, B_1, B_2) 满足条件 (A) 和 (B)，那么若满足下面条件之一，则 DIIVI(4.1.1) 就有 Carathéodory 弱解.

(a)$K \subset R^n$ 是非空紧凸集，$F_i : R^n \to R^n (i = 1,2)$ 连续单调加，并且对所有的 $q \in R^n, q + F_i$ 可逆，$(q + F_i)^{-1}(i = 1,2)$ 是单值的，在 R^n 上连续；

(b)$K \subset R^n$ 是非空紧凸集，$F_i : R^n \to R^n (i = 1,2)$ 是满射连续的，并且严格单调；

(c)$K = R^n, F_i : R^n \to R^n (i = 1,2)$ 连续单调加，并且存在 $u_{i0}, y_{i0} \in R^n (i = 1, 2)$，使得 (4.3.20) 成立，存在 $F^{i0} \in R^n (i = 1,2)$，使得 (4.3.21) 成立；

(d)$K = R^n, F_i : R^n \to R^n (i = 1,2)$ 连续单调加，并且存在 $u_{i0}, y_{i0} \in R^n (i = 1, 2)$，使得 (4.3.20) 成立，存在 $F^{i0} \in R^n (i = 1,2)$，使得 (4.3.25) 成立；

(e)F_i 是半正定的，对任意 $n \in N, \text{SOLIVI}\left(R^n, q + \left(1 - \dfrac{1}{n}\right)F_i + \dfrac{1}{n}I\right) \neq \varnothing (i = 1,2)$，其中 I 是 R^n 上的恒等映射；

(f)$F_i = \hat{F}_i + D_i (i = 1,2)$ 是半正定的，使得 (4.3.20) 和 (4.3.21) 成立，其中 $\hat{F}_i \in R^{n \times n}(i = 1,2)$，$D_i (i = 1,2)$ 是连续映射，使得 (4.3.30) 和 (4.3.32) 成立.

证明 根据定理 4.3.2，知 $\text{SOLIVI}(K, q + F_i)(i = 1,2)$ 是非空闭凸集并且满足条件 (4.3.1). 由引理 4.3.1，知 DIIVI(4.1.1) 有 Carathéodory 弱解.

推论 4.3.8 设 $F : R^n \to R^n$ 是一个给定的函数，(f, G, B) 满足条件 (A) 和 (B)，那么若满足下面条件之一，则 DIIVI(4.1.2) 就有 Carathéodory 弱解.

(a)$K \subset R^n$ 是非空紧凸集，$F : R^n \to R^n$ 连续单调加，并且对所有的 $q \in R^n, q + F$ 可逆，$(q + F)^{-1}$ 是单值的，在 R^n 上连续；

(b)$K \subset R^n$ 是非空紧凸集，$F : R^n \to R^n$ 是满射、连续的，并且严格单调；

(c)$K = R^n, F : R^n \to R^n$ 连续单调加，并且存在 $u_0, y_0 \in R^n$，使得 (4.3.23) 成立，存在 $F^0 \in R^n$，使得 (4.3.24) 成立；

(d)$K = R^n, F : R^n \to R^n$ 连续单调加，并且存在 $u_0, y_0 \in R^n$，使得 (4.3.23) 成立，存在 $F^0 \in R^n$，使得 (4.3.27) 成立；

(e)F 是半正定的，对任意 $n \in N, \text{SOLIVI}\left(R^n, q + \left(1 - \dfrac{1}{n}\right)F + \dfrac{1}{n}I\right) \neq \varnothing$，其中 I 是 R^n 上的恒等映射；

(f)$F = \hat{F} + D$ 是半正定的，使得 (4.3.23) 和 (4.3.24) 成立，其中 $\hat{F} \in R^{n \times n}, D$ 是连续映射，使得 (4.3.35) 和 (4.3.37) 成立.

4.4 微分逆变分不等式的应用

本节我们给出将微分逆变分不等式 DIVI(4.1.2) 运用到依赖时间的空间价格均衡控制问题的例子.

根据 Scrimali 在 [69] 中的研究，我们考虑依赖时间的空间价格均衡控制问题. 假设单一的商品有 m 个供给市场，有 n 个需求市场，分别用 i 和 j 表示某一个供给市场和某一个需求市场. 时间间隔为 $[0,T]$, 其中 $T>0$. $(i. \ j)$ 表示一对生产者和消费者, 其中 $i=1,\cdots,m,j=1,\cdots,n$. 设 $S_i(t)$ 表示在时间 $t \in [0,T]$ 时供给市场 i 对商品的供给量, 所有的供给量形成一个列向量, 即

$$\boldsymbol{S}(t)=(S_1(t),S_2(t),\cdots,S_m(t)) \in R^m.$$

设 $D_j(t)$ 表示在时间 $t \in [0,T]$ 时需求市场 j 对商品的需求量, 需求量组成一个列向量, 即

$$\boldsymbol{D}(t)=(D_1(t),D_2(t),\cdots,D_n(t)) \in R^n.$$

设 $x_{ij}(t)$ 表示在时间 $t \in [0,T]$ 时商品从供给市场 i 到需求市场 j 的流通量, 商品的流通量组成一个列向量 $\boldsymbol{x}(t) \in R^{mn}$.

假设对所有的 $t \in [0,T]$, 有

$$S_i(t)=\sum_{j=1}^{n} x_{ij}(t), \quad D_j(t)=\sum_{i=1}^{m} x_{ij}(t).$$

现在, 我们站在决策者的角度考虑这个问题, 并介绍时间依赖的空间价格均衡控制问题. 我们通过调节税 $u(t)$ 来控制供给市场中的资源开发量 $S(x(t),u(t))$ 和需求市场消费量 $D(x(t),u(t))$. 众所周知, 调节税收是管理生产和消费的一个有效方法. 就特别的情况来说, 如果决策者想限制某个商品的生产或消费, 就会提高税收;反之, 如果决策者想鼓励某个商品的生产或消费, 就会增加补贴.

类似于 Scrimali[69] 的研究, 我们介绍一下商品流通函数 $x(t)$ 和调节税 $u(t)$:

$$W(t,x(t),u(t))=(S(x(t),u(t)),D(x(t),u(t)))^{\mathrm{T}}, \quad \forall t \in [0,T].$$

显然, 函数 $W:[0,T] \times R^{mn} \times R^{m+n} \rightarrow R^{m+n}$. 我们假设函数 $W(t,x,u)$ 可以表示为

$$W(t,x(t),u(t))=G(t,x(t))+F(u(t)), \quad \forall t \in [0,T],$$

使得 $G(t,x)$ 是一个 Carathéodory 函数(即对于所有的 $x \in R^{mn}$ 在 t 可测并且关于 x 连续)和 $F(u)$ 是 Lipschitz 连续的. 而且, 假设存在 $\gamma(t) \in L^2(0,T)$, 使得

$$\|G(t,x)\| \leqslant \gamma(t)+\|x\|.$$

那么易知

$$W:[0,T] \times L^2([0,T],R^{mn}) \times L^2([0,T],R^{m+n}) \rightarrow L^2([0,T],R^{m+n}).$$

最后我们假设:

$$\underline{w}(t)=(\underline{S}(t),\underline{D}(t)), \quad \overline{w}(t)=(\overline{S}(t),\overline{D}(t)),$$

其中对几乎所有的 $t \in [0,T]$, 有 $\underline{S}(t),\overline{S}(t) \in L^2([0,T],R^m)$, $\underline{D}(t),\overline{D}(t) \in L^2([0,T],R^n)$ 和 $0 \leqslant \underline{S}(t)<\overline{S}(t),0 \leqslant \underline{D}(t)<\overline{D}(t)$. 我们注意到生产力约束不依赖于 x 和 u.

我们引入如下可行状态集:

$$K=\{w \in L^2([0,T],R^{m+n}):\underline{w}(t) \leqslant w(t) \leqslant \overline{w}(t), t \in [0,T]\}.$$

类似于[69]中的定义, 如果 $u^*(t)$ 使得相对应的状态 $W(t,x(t),u^*(t))$ 满足

$$W(t,x(t),u^*(t)) \in K,$$

并且对几乎所有的 $t \in [0, T]$，下面条件成立：

$$W_r(t, x(t), u^*(t)) = \overline{w}_r(t) \Rightarrow u_r^*(t) \geqslant 0, \quad r = 1, 2, \cdots, m+n,$$

$$W_r(t, x(t), u^*(t)) = \underline{w}_r(t) \Rightarrow u_r^*(t) \leqslant 0, \quad r = 1, 2, \cdots, m+n,$$

$$\underline{w}_r(t) < W_r(t, x(t), u^*(t)) < \overline{w}_r(t) \Rightarrow u_r^*(t) = 0, \quad r = 1, 2, \cdots, m+n,$$

那么我们称 $u^*(t)$ 是最优的管理税. 利用[69]中的定理 2，我们容易知道 $u^*(t) \in L^2([0, T], R^{m+n})$ 是最优的当且仅当它是下面可逆变分不等式的解：

$$W(t, x(t), u^*(t)) \in K, \quad \int_0^T \langle w(t) - W(t, x(t), u^*(t)), u^*(t) \rangle \mathrm{d}t \leqslant 0,$$

$$\forall w(t) \in K. \tag{4.4.1}$$

另外，我们知道商品流通量 $x(t)$ 的改变率与商品流通量 $x(t)$ 相对应的管理税 $u(t)$ 有一定的关系，我们要求

$$\dot{x}(t) = f(t, x(t)) + B(t, x(t))u(t), \quad t \in [0, T], \tag{4.4.2}$$

式中，$f: [0, T] \times R^{mn} \to R^{mn}$ 和 $B: [0, T] \times R^{mn} \to R^{mn \times (m+n)}$ 是满足一些条件的两个函数.

联立 $(4.4.1)$ 和 $(4.4.2)$，我们可以看出 $(x(t), u(t))$ 是下面的可微逆变分不等式的 Carathéodory 弱解：

$$\begin{cases} \dot{x}(t) = f(t, x(t)) + B(t, x(t))u(t), \\ u(t) \in \mathrm{SOLIVI}(-K, -G(t, x(t)) - F(\cdot)), \\ x(0) = x_0. \end{cases} \tag{4.4.3}$$

特别地，假设对于 $r = 1, 2, \cdots, m+n, \underline{w}_r(t)$ 和 $\overline{w}_r(t)$ 是常数，并且

$$\boldsymbol{f}(t, \boldsymbol{x}) = \begin{bmatrix} \alpha_1 t \\ \vdots \\ \alpha_m t \end{bmatrix} + \beta \boldsymbol{x},$$

$$\boldsymbol{B}(t, \boldsymbol{x}) = \begin{bmatrix} t\sin x_1 & 0 & \cdots & 0 \\ t\sin x_2 & 0 & \cdots & 0 \\ \vdots & \vdots & & \vdots \\ t\sin x_m & 0 & \cdots & 0 \end{bmatrix},$$

$$\boldsymbol{G}(t, \boldsymbol{x}) = \begin{bmatrix} \lambda_1 \mathrm{e}^t \\ \vdots \\ \lambda_m \mathrm{e}^t \end{bmatrix} + \mu \boldsymbol{x},$$

$$F(u) = u,$$

式中，$\boldsymbol{x} = (x_1, \cdots, x_m)^{\mathrm{T}}$. 那么定理 4.3.8(b) 中所有条件都满足，因此说明 DIVI $(4.4.3)$ 有 Carathéodory 弱解 $(x(t), u(t))$.

众所周知，可逆变分不等式是一般的变分不等式的特例，并且在不同的领域有广泛的应用[58-61]. Scrimali[69] 展示了如果站在决策者的角度考虑问题，那么时间依赖的空间价格均衡问题可以转化成发展的参数的变分不等式，时间依赖的最优控制

问题也可以转化成时间依赖的可逆变分不等式. 另外，Pang 和 Stewart[31] 介绍并研究了有限维空间中的微分变分不等式问题，许多学者在不同的条件下对微分变分不等式进行了大量的研究[44, 46, 54−55, 64, 68, 70, 77].

　　本节介绍并研究了新的微分逆变分不等式. 在一些条件下，我们证明了逆变分不等式解集的线性增长性质和微分逆变分不等式的弱解存在性. 我们给出的例子表明对于右侧函数被代数变量参数化的常微分方程，其中的代数变量是时间依赖的空间价格均衡控制问题的解，用微分逆变分不等式来研究这类问题更加容易和方便.

第 5 章　微分逆混合变分不等式

本章我们介绍并研究了有限维空间中一类新的微分逆混合变分不等式. 微分逆混合变分不等式包含一个常微分方程和一个可逆混合变分不等式. 首先, 我们考虑微分逆混合变分不等式的 Carathéodory 弱解的存在性. 我们研究了可逆混合变分不等式解集的线性增长条件和可逆混合变分不等式解的性质. 进一步, 利用一个关于上半连续的有非空闭凸值的集值映射的微分包含结果, 我们获得了微分逆混合变分不等式的 Carathéodory 弱解的存在性. 其次, 我们利用相关的微分包含的结果给出了求解微分逆混合变分不等式的 Euler 逼近过程, 并进行了收敛性分析.

5.1　引言

自从 Pang 和 Stewart 提出并研究了有限维空间中微分变分不等式模型以来, 有很多学者进行了相当多的研究并取得了有价值的研究成果[74−76]. 2010 年, Li 等[44]在有穷维空间中提出了微分混和变分不等式, 它由一个常微分方程和一个混合变分不等式组成, 这篇文章中的研究成果扩展了[31]中的某些结果. 2013 年, Wang 和 Huang 等[77]介绍并研究了有穷维空间中的微分向量变分不等式. 在这篇文章中, 作者建立了微分向量变分不等式和微分标量变分不等式之间的关系, 并且证明了微分向量变分不等式 Carathéodory 弱解的存在性, 给出了解微分向量变分不等式的时间依赖的 Euler 逼近方法. Wang 等[78]研究了微分集值混合变分不等式的稳定性, 给出了微分混合变分不等式的 Carathéodory 弱解的存在性以及解集的连续性和上半连续性. 另外, 可逆变分不等式在不同的领域有广泛的应用[58−61]. Li 等[65]首次介绍并研究了 Hilbert 空间上的可逆混和变分不等式, 并且给出了一个将可逆混合变分不等式应用到交通网络均衡控制问题的实际例子.

我们考虑下面的可逆混合变分不等式 IMVI: 找 $x \in R^n$, 使得

$$f(x) \in K, \langle x' - f(x), x \rangle + \varphi(x') - \varphi(f(x)) \geqslant 0, \quad \forall x' \in K,$$

式中, $f: R^n \to R^n$ 是一个映射, $K \subset R^n$ 是闭凸子集, $\varphi: K \to (-\infty, +\infty]$ 是一个固有下半连续凸泛函.

如果 f^{-1} 存在, 令 $y = f(x)$ 和 $g(y) = f^{-1}(y)$, 那么很容易将可逆混合变分不等式转化成混合变分不等式 MVI: 找 $x \in K$, 使得

$$\langle g(x), x' - x \rangle + \varphi(x') - \varphi(x) \geqslant 0, \quad \forall\, x' \in K,$$

式中, $g: R^n \to R^n$ 是一个映射. 如果 φ 是 K 上的指示函数, 即

$$\varphi(u) = \begin{cases} 0, & u \in K, \\ +\infty, & u \notin K, \end{cases} \tag{5.1.1}$$

那么可逆混合变分不等式转化成如下的可逆变分不等式:找 $x \in R^n$, 使得

$$f(x) \in K, \quad \langle x' - f(x), x \rangle \geqslant 0, \quad \forall\, x' \in K.$$

本章我们介绍并研究初值微分逆混合变分不等式 DIMVI:

$$\begin{cases} \dot{x}(t) = a(t, x(t)) + b(t, x(t))u(t), \\ u(t) \in S(K, G(t, x(t)) + F(\cdot), \varphi), \quad \forall\, t \in [0, T], \\ x(0) = x^0, \end{cases} \tag{5.1.2}$$

式中, $K \subset R^n$ 是非空闭凸集, $\Omega \equiv [0, T] \times R^n$, $[a, b, G]: \Omega \to R^m \times R^{m \times n} \times R^n$ 是给定的映射, $F: R^n \to R^n$ 是一个线性函数, $\varphi: R^n \to (-\infty, +\infty]$ 是固有下半连续凸泛函. 本章我们将 $\mathrm{IMVI}(K, G(t, x(t)) + F, \varphi)$ 的解集用 $S(K, G(t, x(t)) + F, \varphi)$ 表示. 我们将寻找 $x(t)$ 和 $u(t)$, 使得对于 $t \in [0, T]$, (5.1.2) 在 Carathéodory 意义下成立, 也就是说, x 在 $[0, T]$ 上是绝对连续的, u 在 $[0, T]$ 上是可积的, 对几乎所有的 $t \in [0, T]$, 常微分方程是成立的. 并且, 对于 $u(t)$ 有下面的结果:对任意连续函数 $\widetilde{F}: [0, T] \to K$,

$$\int_0^T \langle \widetilde{F}(t) - G(t, x(t)) - F(u(t)), u(t) \rangle + \varphi(\widetilde{F}(t)) - \varphi(G(t, x(t)) + F(u(t))) \mathrm{d}t \geqslant 0.$$

$$\tag{5.1.3}$$

这意味着对几乎所有的 $t \in [0, T]$, 有 $u(t) \in S(K, G(t, x(t)) + F, \varphi)$. 反之, 如果 $u(t)$ 是可积的, 并且对所有的 $t \in [0, T]$, 有 $u(t) \in S(K, G(t, x(t)) + F, \varphi)$, 那么, 对任意连续函数 $\widetilde{F}$, 积分不等式 (5.1.3) 一定成立. 我们将研究微分逆混合变分不等式 (5.1.2) 的 Carathéodory 弱解的存在性. 最后, 利用微分包含的结果, 我们建立了求解 DIMVI (5.1.2) 的时间依赖的 Euler 逼近过程, 并对它进行了收敛性分析.

5.2　预备知识

定义 5.2.1[81]　设 $A \subset R^n$ 是非空子集. A 的非紧测度 μ 定义如下:

$$\mu(A) = \inf\Big\{\varepsilon > 0 : A \subset \bigcup_{i=1}^n A_i, diamA_i < \varepsilon,\, i = 1, 2, \cdots, n\Big\},$$

式中, $diam$ 表示一个集合的直径.

引理 5.2.1[82]　设 $\varphi: R^n \to (-\infty, +\infty)$ 是固有下半连续凸泛函. 那么存在 $(y^0, \beta) \in R^n \times R$, 使得

$$\varphi(x) \geqslant \langle x, y^0 \rangle + \beta, \quad \forall\, x \in R^n.$$

引理 5.2.2[44]   设 $\varphi:R^n\to(-\infty,+\infty]$ 是固有下半连续凸泛函. 假设对于每一个 $u\in L^2[0,T]$, 函数 $\varphi(u(\cdot))$ 在 $[0,T]$ 上可积, 那么

$$\phi(u)=\int_0^T\varphi(u(t))\mathrm{d}t,\quad u\in L^2[0,T]$$

是固有下半连续凸泛函.

设

$$F(t,x)\equiv\{a(t,x)+b(t,x)u:u\in S(K,G(t,x)+F,\varphi)\}.\qquad(5.2.1)$$

5.3   微分逆混合变分不等式的解的存在性分析

首先我们给出如下定义.

定义 5.3.1   一个序列 $\{x_n\}\subset R^n$ 称为 $\mathrm{IMVI}(K,f,\varphi)$ 的 $\alpha-$近似序列, 当且仅当存在 $\varepsilon_n>0$, 满足 $\varepsilon_n\to0$, 使得 $f(x_n)\in K$,

$$\langle f(x_n)-f',x_n\rangle+\varphi(f(x_n))-\varphi(f')\leqslant\frac{\alpha}{2}\|f(x_n)-f'\|^2+\varepsilon_n,$$

$$\forall f'\in K,\forall n\in N,$$

式中, α 是一个非负数.

注 5.3.1   当 φ 在 K 上是指示函数时, $\mathrm{IMVI}(K,f,\varphi)$ 的 $\alpha-$近似序列将会退化成 [63] 中 $\mathrm{IVI}(K,f)$ 的 $\alpha-$近似序列.

引理 5.3.1   设 $\alpha\geqslant0,f:R^n\to R^n$ 是一个函数, $K\subset R^n$ 是一个非空凸集. 设 $x^*\in R^n$ 满足 $f(x^*)\in K$, 那么

$$\langle f(x^*)-f',x^*\rangle+\varphi(f(x^*))-\varphi(f')\leqslant0,\quad\forall f'\in K,$$

当且仅当

$$\langle f(x^*)-f',x^*\rangle+\varphi(f(x^*))-\varphi(f')\leqslant\frac{\alpha}{2}\|f(x^*)-f'\|^2,\quad\forall f'\in K.$$

证明   必要性显然成立. 下面证充分性. 因为 K 是非空凸集, 并且 $f(x^*)\in K$, 那么对于任意 $g\in K$ 和 $t\in[0,1]$, 我们有

$$f(x^*)+t(g-f(x^*))\in K.$$

因为 φ 是凸函数, 那么

$$t\langle f(x^*)-g,x^*\rangle+t\varphi(f(x^*))-t\varphi(g)$$

$$=\langle tf(x^*)-tg,x^*\rangle+\varphi(f(x^*))+(t-1)\varphi(f(x^*))-t\varphi(g)$$

$$\leqslant\langle f(x^*)-(f(x^*)+t(g-f(x^*))),x^*\rangle+\varphi(f(x^*))$$

$$-\varphi(tg+(1-t)f(x^*))$$

$$\leqslant\frac{\alpha t^2}{2}\|f(x^*)-(f(x^*)+t(g-f(x^*)))\|^2$$

$$=\frac{\alpha t^2}{2}\|f(x^*)-g\|^2.\qquad(5.3.1)$$

这说明

$$\langle f(x^*) - g, x^* \rangle + \varphi(f(x^*)) - \varphi(g) \leqslant \frac{\alpha t^2}{2} \| f(x^*) - g \|^2.$$

令 $t \to 0$，我们得到

$$\langle f(x^*) - g, x^* \rangle + \varphi(f(x^*)) - \varphi(g) \leqslant 0, \quad \forall g \in K.$$

注 5.3.2　如果 φ 是非空凸集 $K \subset R^n$ 上的指示函数，那么 $\mathrm{IMVI}(K, f, \varphi)$ 退化成 $\mathrm{IVI}(K, f)$，所以说引理 5.3.1 扩展了 [63] 中引理 1.1 的结果.

引理 5.3.2　设 K 是非空闭凸集，(a, b, G) 满足条件 (A) 和 (B). 设 $F: R^n \to R^n$ 是连续的，$\varphi: R^n \to (-\infty, +\infty]$ 是固有下半连续凸泛函. 假设存在常数 $\rho > 0$，使得对所有的 $q \in G(\Omega)$，

$$\sup\{\|u\| : u \in S(K, q + F, \varphi)\} \leqslant \rho(1 + \|q\|). \tag{5.3.2}$$

那么存在 $\rho_F > 0$，使得 (3.2.1) 成立，其中 F 的定义见 (5.2.1). 因此 F 是上半连续的，并且在 Ω 上有闭值.

证明　因为 a, G 在 Ω 上是 Lipschitz 连续的，那么存在 $\rho_a > 0, \rho_G > 0$，使得对所有的 $(t, x) \in \Omega$，有

$$\|a(t, x)\| \leqslant \rho_a(1 + \|x\|)$$

和

$$\|G(t, x)\| \leqslant \rho_G(1 + \|x\|).$$

类似于 [31] 中引理 6.2 的证明，容易知道存在 $\rho_F > 0$，使得 (3.2.1) 成立. 所以集值映射 F 有线性增长.

下面我们证明 F 在 Ω 上是上半连续的. 因为 F 有线性增长，F 的上半连续性成立只需要证明 F 是闭的. 设当 $n \to \infty$ 时，$\{(t_n, x_n)\} \subset \Omega$ 收敛到 $(t_0, x_0) \subset \Omega$，并且 $\{a(t_n, x_n) + b(t_n, x_n)u_n\}$ 收敛到 $z_0 \in R^m$，其中对于每一个 n 有 $u_n \in S(K, G(t_n, x_n) + F, \varphi)$，那么

$$G(t_n, x_n) + F(u_n) \in K. \tag{5.3.3}$$

并且对任意 $F' \in K$，

$$\langle F' - G(t_n, x_n) - F(u_n), u_n \rangle + \varphi(F') - \varphi(G(t_n, x_n) + F(u_n)) \geqslant 0. \tag{5.3.4}$$

由 (5.3.2)，我们知道序列 $\{u_n\}$ 是有界的. 因此，$\{u_n\}$ 有收敛子列，我们不妨记为 $\{u_n\}$，并且收敛到 $u_0 \in R^n$. 因为 F 是连续的，并且 K 是闭的，由 (5.3.3) 我们得到

$$G(t_n, x_n) + F(u_n) \to G(t_0, x_0) + F(u_0) \in K.$$

另外，φ 的下半连续性意味着

$$\varphi(G(t_0, x_0) + F(u_0)) \leqslant \liminf_{n \to \infty} \varphi(G(t_n, x_n) + F(u_n)).$$

所以对任意 $F' \in K$，有

$$\langle F' - G(t_0, x_0) - F(u_0), u_0 \rangle + \varphi(F') - \varphi(G(t_0, x_0) + F(u_0))$$

$$\geqslant \liminf_{n\to\infty}\{\langle F'-G(t_n,x_n)-F(u_n),u_n\rangle+\varphi(F')-\varphi(G(t_n,x_n)+F(u_n))\}$$

$$\geqslant 0. \tag{5.3.5}$$

这说明

$$u_0\in S(K,G(t_0,x_0)+F,\varphi),$$

并且

$$a(t_n,x_n)+b(t_n,x_n)u_n\to z_0=a(t_0,x_0)+b(t_0,x_0)u_0\in F(t_0,x_0).$$

因此 F 是闭的.

引理 5.3.3 设 (a,b,G) 满足条件(A) 和(B), $K\subset R^n$ 是非空闭凸子集, $\varphi:R^n\to(-\infty,+\infty]$ 是固有下半连续凸泛函, $F:R^n\rightrightarrows R^n$ 在 R^n 上是连续单调加的. 假设对所有的 $q\in G(\Omega),S(K,q+F,\varphi)\neq\varnothing$, 那么对所有的 $q\in G(\Omega),S(K,q+F,\varphi)$ 是闭凸的.

证明 设 $\{u_n\}\subset S(K,q+F,\varphi)$, 并且 $u_n\to u_0$, 那么

$$q+F(u_n)\in K$$

和对任意的 $F'\in K$,

$$\langle F'-q-F(u_n),u_n\rangle+\varphi(F')-\varphi(q+F(u_n))\geqslant 0.$$

因为 K 是闭集, F 在 R^n 上连续, φ 是下半连续的, 我们得到

$$q+F(u_0)\in K$$

和对任意的 $F'\in K$,

$$\langle F'-q-F(u_0),u_0\rangle+\varphi(F')-\varphi(q+F(u_0))$$

$$\geqslant\liminf_{n\to\infty}\{\langle F'-q-F(u_n),u_n\rangle+\varphi(F')-\varphi(q+F(u_n))\}$$

$$\geqslant 0. \tag{5.3.6}$$

这说明 $u_0\in S(K,q+F,\varphi)$, 所以对所有的 $q\in G(\Omega)$, $S(K,q+F,\varphi)$ 是闭的. 接下来证明对于所有的 $q\in G(\Omega)$, $S(K,q+F,\varphi)$ 是凸的. 设 $u_1,u_2\in S(K,q+F,\varphi)$, 那么

$$q+F(u_1)\in K,\quad q+F(u_2)\in K, \tag{5.3.7}$$

并且对任意的 $F'\in K$,

$$\langle F'-q-F(u_1),u_1\rangle+\varphi(F')-\varphi(q+F(u_1))\geqslant 0 \tag{5.3.8}$$

和

$$\langle F'-q-F(u_2),u_2\rangle+\varphi(F')-\varphi(q+F(u_2))\geqslant 0. \tag{5.3.9}$$

由(5.3.7)知对任意的 $\lambda\in(0,1)$,

$$\lambda(q+F(u_1))+(1-\lambda)(q+F(u_2))$$

$$=q+\lambda F(u_1)+(1-\lambda)F(u_2)$$

$$=q+F(\tilde u)\in K, \tag{5.3.10}$$

式中, $\tilde u=\lambda u_1+(1-\lambda)u_2$.

在(5.3.8)中令 $F'=q+F(u_2)$, 我们有

$$\langle F(u_2) - F(u_1), u_1 \rangle + \varphi(q + F(u_2)) - \varphi(q + F(u_1)) \geqslant 0. \quad (5.3.11)$$

在(5.3.9)中令 $F' = q + F(u_1)$，我们有

$$\langle F(u_1) - F(u_2), u_2 \rangle + \varphi(q + F(u_1)) - \varphi(q + F(u_2)) \geqslant 0. \quad (5.3.12)$$

将(5.3.11)和(5.3.12)相加，得到

$$\langle F(u_2) - F(u_1), u_1 - u_2 \rangle \geqslant 0. \quad (5.3.13)$$

因为 F 是单调加的，所以

$$F(u_2) = F(u_1).$$

由(5.3.8)和(5.3.9)，有

$$\langle F' - q - F(u_1), \lambda u_1 + (1-\lambda)u_2 \rangle + \varphi(F') - \lambda\varphi(q + F(u_1)) - $$
$$(1-\lambda)\varphi(q + F(u_2)) \geqslant 0,$$

又因为 φ 是凸的，所以

$$\langle F' - q - F(\lambda u_1 + (1-\lambda)u_2), \lambda u_1 + (1-\lambda)u_2 \rangle$$
$$+ \varphi(F') - \varphi(q + F(\lambda u_1 + (1-\lambda)u_2))$$
$$\geqslant \langle F' - q - \lambda F(u_1) - (1-\lambda)F(u_2), \lambda u_1 + (1-\lambda)u_2 \rangle$$
$$+ \varphi(F') - \lambda\varphi(q + F(u_1)) - (1-\lambda)\varphi(q + F(u_2))$$
$$= \langle F' - q - F(u_1), \lambda u_1 + (1+\lambda)u_2 \rangle$$
$$+ \varphi(F') - \lambda\varphi(q + F(u_1)) - (1-\lambda)\varphi(q + F(u_2))$$
$$\geqslant 0. \quad (5.3.14)$$

因此 $\lambda u_1 + (1-\lambda)u_2 \in S(K, q + F(\cdot), \varphi)$，并且对于所有的 $q \in G(\Omega), S(K, q + F(\cdot), \varphi)$ 是凸的.

引理 5.3.4　设 (a, b, G) 满足条件（A）和（B），$K \subset R^n$ 是非空闭凸子集，$\varphi: R^n \to (-\infty, +\infty]$ 是固有下半连续凸泛函，$F: R^n \rightrightarrows R^n$ 在 R^n 上是连续单调加的. 假设对所有的 $q \subset G(\Omega), S(K, q + F, \varphi) \neq \varnothing$，并且存在常数 $\rho > 0$，使得对所有的 $q \in G(\Omega),$ (5.3.2) 成立，那么 DIMVI(5.1.2) 有 Carathéodory 弱解.

证明　类似于[31]中命题 6.1 的证明，利用引理 3.2.1 和 3.2.2，我们可以得到 DIMVI(5.1.2) 有 Carathéodory 弱解.

5.4　逆混合变分不等式的解的存在性以及解集的线性增长

设 a, F, K 的定义如前面. IMVI($K, q + F, \varphi$) 的 α - 近似解集 $T_\alpha(\varepsilon)$ 为

$$T_\alpha(\varepsilon) = \{x \in R^n : q + F(x) \in K, \langle q + F(x) - F', x \rangle + \varphi(q + F(x)) - \varphi(F')$$
$$\leqslant \frac{\alpha}{2} \|q + F(x) - F'\|^2 + \varepsilon, \forall F' \in K, \forall \varepsilon \geqslant 0\}.$$

定理 5.4.1　设 $K \subset R^n$ 是非空闭凸子集，$F: R^n \to R^n$ 是连续函数，$\varphi: R^n \to (-\infty, +\infty]$ 是固有下半连续凸泛函. 如果 $T_\alpha(\varepsilon) \neq \varnothing$，当 $\varepsilon \to 0$ 时，有 $\varepsilon > 0$ 和

$diamT_a(\varepsilon) \to 0$，那么 IMVI$(K, q+F, \varphi)$ 有唯一解，并且存在 $\rho > 0$，使得对所有的 $q \in R^n$，(5.3.2) 成立.

证明 设 $\{x_n\} \subset R^n$ 是 IMVI$(K, q+F, \varphi)$ 的 α-近似序列，那么存在 $\varepsilon_n > 0$，满足 $\varepsilon_n \to 0$，使得

$$q + F(x_n) \in K$$

和

$$\langle q + F(x_n) - F', x_n \rangle + \varphi(q + F(x_n)) - \varphi(F')$$

$$\leqslant \frac{\alpha}{2} \| q + F(x_n) - F' \|^2 + \varepsilon_n, \quad \forall F' \in K, \quad \forall n \in N. \quad (5.4.1)$$

这意味着

$$x_n \in T_a(\varepsilon).$$

因为当 $\varepsilon \to 0$ 时，$diamT_a(\varepsilon) \to 0$，所以我们可推得 $\{x_n\}$ 是 Cauchy 序列. 设 $x_n \to \bar{x} \in R^n$，因为 F 在 R^n 上是连续的，K 是闭集，所以

$$q + F(x_n) \to q + F(\bar{x}) \in K.$$

因为 φ 是下半连续的，我们得到

$$\liminf_{n \to \infty} \varphi(q + F(x_n)) \geqslant \varphi(q + F(\bar{x})).$$

再根据 (5.4.1) 知，对所有的 $F' \in K$，有

$$\langle q + F(\bar{x}) - F', \bar{x} \rangle + \varphi(q + F(\bar{x})) - \varphi(F')$$

$$\leqslant \liminf_{n \to \infty} \{ \langle q + F(x_n) - F', x_n \rangle + \varphi(q + F(x_n)) - \varphi(F') \}$$

$$\leqslant \liminf_{n \to \infty} (\frac{\alpha}{2} \| q + F(x_n) - F' \|^2 + \varepsilon_n)$$

$$= \frac{\alpha}{2} \| q + F(\bar{x}) - F' \|^2. \quad (5.4.2)$$

由引理 5.3.1，我们得到

$$\langle q + F(\bar{x}) - F', \bar{x} \rangle + \varphi(q + F(\bar{x})) - \varphi(F') \leqslant 0, \quad \forall F' \in K.$$

所以我们推导出 $\bar{x}$ 是 IMVI$(K, q+F, \varphi)$ 的解.

下面我们证明 IMVI$(K, q+F, \varphi)$ 的解的唯一性. 设 x_1, x_2 是 IMVI$(K, q+F, \varphi)$ 的解，那么

$$x_1, x_2 \in T_a(\varepsilon), \quad \forall \varepsilon > 0.$$

所以当 $\varepsilon \to 0$ 时，

$$\| x_1 - x_2 \| \leqslant diamT_a(\varepsilon) \to 0,$$

那么

$$x_1 = x_2.$$

因此存在 $\rho > 0$，使得对所有的 $q \in R^n$，(5.3.2) 成立.

定理 5.4.2 设 $K \subset R^n$ 是非空闭凸子集，$\varphi: R^n \to (-\infty, +\infty]$ 是固有下半连续凸泛函，$F: R^n \rightrightarrows R^n$ 在 R^n 上是连续单调加的，$\mu(T_a(\varepsilon))$ 是集 $T_a(\varepsilon)$ 的非紧测度.

假设：

(i)对所有的 $\varepsilon > 0, T_a(\varepsilon) \neq \varnothing$，并且当 $\varepsilon \to 0$ 时，$\mu(T_a(\varepsilon)) \to 0$；

(ii)存在 $F_0 \in K$，使得

$$\liminf_{\|u\| \to \infty} \frac{\langle F(u), u + y^0 \rangle}{\|u\|^2} > 0, \qquad (5.4.3)$$

式中，y^0 的定义见引理 5.2.1. 那么对所有的 $q \in R^n, S(K, q + F, \varphi)$ 是非空闭凸集，并且存在 $\rho > 0$，使得对所有的 $q \in R^n,(5.3.2)$ 成立.

证明　类似于[63]中定理 2.2 的证明，根据条件(i)，我们容易得到对所有的 $q \in R^n, S(K, q + F, \varphi)$ 是非空的. 通过引理 5.3.3，我们知道对所有的 $q \in R^n$，$S(K, q + F, \varphi)$ 是非空闭凸集. 下面我们证明第二个结论. 如果结论不成立，那么存在序列 $\{q_k\} \subset R^n$ 和 $\{u_k\} \subset R^n$，使得对任意 $F' \in K$，有

$$q_k + F(u_k) \in K$$

和

$$\langle F' - q_k - F(u_k), u_k \rangle + \varphi(F') - \varphi(q + F(u_k)) \geqslant 0, \qquad (5.4.4)$$

并且 $\|u_k\| > k(1 + \|q_k\|)$. 显然 $\{u_k\}$ 是有界的，$\lim\limits_{k \to \infty} \dfrac{\|q_k\|}{\|u_k\|} = 0$. 在(5.4.4) 中令 $F' = F^0$，我们有

$$\langle F^0 - q_k - F(u_k), u_k \rangle + \varphi(F^0) - \varphi(q_k + F(u_k)) \geqslant 0.$$

因此

$$\langle F^0 - F(u_k), u_k \rangle - \varphi(q_k + F(u_k)) \geqslant \langle q_k, u_k \rangle - \varphi(F^0).$$

因为 φ 是固有下半连续凸泛函，根据引理 5.2.1，我们得到

$$\langle F^0 - F(u_k), u_k \rangle - \langle q_k + F(u_k), y^0 \rangle - \beta \geqslant \langle q_k, u_k \rangle - \varphi(F^0).$$

这意味着

$$\langle F^0 - F(u_k), u_k \rangle - \langle F(u_k), y^0 \rangle \geqslant \langle q_k, u_k \rangle - \varphi(F^0) + \beta + \langle q_k, y^0 \rangle.$$

所以

$$\limsup_{k \to +\infty} \frac{\langle F^0 - F(u_k), u_k \rangle - \langle F(u_k), y^0 \rangle}{\|u_k\|^2} \geqslant 0.$$

这与(5.4.3)矛盾.

定理 5.4.3　设 $K \subset R^n$ 是非空闭凸子集，$\varphi: R^n \to (-\infty, +\infty]$ 是固有下半连续凸泛函，$F: R^n \rightrightarrows R^n$ 在 R^n 上是连续单调加的. $\mu(T_a(\varepsilon))$ 是集 $T_a(\varepsilon)$ 的非紧测度. 假设：

(i)对所有的 $\varepsilon > 0, T_a(\varepsilon) \neq \varnothing$，并且当 $\varepsilon \to 0$ 时，$\mu(T_a(\varepsilon)) \to 0$；

(ii)存在 $F_0 \in K$，使得当 $\|u\| \to +\infty$ 时，

$$\frac{\langle F^0 - F(u), u \rangle - \langle F(u), y^0 \rangle}{\|u\|} \to -\infty, \qquad (5.4.5)$$

式中，y^0 的定义见引理 5.2.1. 那么对所有的 $q \in R^n, S(K, q + F, \varphi)$ 是非空闭凸

集，并且存在 $\rho > 0$，使得对所有的 $q \in M$，(5.3.2)成立，其中 $M \subset R^n$ 是有界集.

证明　根据定理 5.4.2，我们知道对所有的 $q \in R^n$，$S(K, q + F, \varphi)$ 是非空闭凸集. 下面我们证明第二个结论. 假设结论不成立，那么存在 $\{q_k\} \subset M$ 和 $\{u_k\} \subset R^n$，使得对任意 $F' \in K$，

$$\langle F' - q_k - F(u_k), u_k \rangle + \varphi(F') - \varphi(q + F(u_k)) \geqslant 0, \qquad (5.4.6)$$

并且

$$\|u_k\| > k(1 + \|q_k\|).$$

那么 $\{u_k\}$ 是有界的，并且

$$\lim_{k \to \infty} \frac{\|q_k\|}{\|u_k\|} = 0.$$

我们有

$$\langle F^0 - F(u_k), u_k \rangle - \langle F(u_k), y^0 \rangle \geqslant \langle q_k, u_k \rangle - \varphi(F^0) + \beta + \langle q_k, y^0 \rangle,$$

因为 $\{q_k\}$ 和 $\varphi(F^0)$ 是有界的，我们知道存在 $N > 0$ 和 $D < 0$，使得对所有的 $k > N$，

$$\frac{\langle F^0 - F(u_k), u_k \rangle - \langle F(u_k), y^0 \rangle}{\|u_k\|} \geqslant D,$$

这与(5.4.5)矛盾.

定理 5.4.4　设 $K = R^n$，$\varphi: R^n \to (-\infty, +\infty]$ 是固有下半连续凸泛函，$F: R^n \rightrightarrows R^n$ 在 R^n 上是连续单调加的. 假设 $(q + F)^{-1}$ 在 R^n 上是单值的，并且存在 $F_0 \in R^n$，使得(5.4.3)成立，那么对所有的 $q \in R^n$，$S(K, q + F, \varphi)$ 是非空闭凸集，并且存在 $\rho > 0$，使得对所有的 $q \in R^n$，(5.3.2)成立.

证明　对任意 $u \in R^n$，令 $S(u) = (q + F)^{-1}(u)$. 因为 F 是单调的，所以

$$\langle S(u_1) - S(u_2), u_1 - u_2 \rangle$$
$$= \langle y_1 - y_2, q + F(y_1) - q - F(y_2) \rangle$$
$$= \langle y_1 - y_2, F(y_1) - F(y_2) \rangle$$
$$\geqslant 0, \qquad (5.4.7)$$

式中，$S(u_1) = y_1$，$S(u_2) = y_2$. 因此 S 在 R^n 上单调. 由[84]中的定理 3.1，我们知道 $\mathrm{SOL}(R^n, S, \varphi)$ 是非空的. 这里 $\mathrm{SOL}(R^n, S, \varphi)$ 表示 $\mathrm{VI}(R^n, S, \varphi)$ 的解集. 所以存在 $v_0 \in R^n$，使得

$$\langle S(v_0), v - v_0 \rangle + \varphi(v) - \varphi(v_0) \geqslant 0, \quad \forall v \in R^n.$$

设 $S(v_0) = u_0$，那么

$$\langle u_0, v - q - F(u_0) \rangle + \varphi(v) - \varphi(q + F(u_0)) \geqslant 0, \quad \forall v \in R^n.$$

这表明 $u_0 \in S(R^n, q + F, \varphi)$. 由引理 5.3.3 知对所有的 $q \in R^n$，$S(K, q + F, \varphi)$ 是非空闭凸集. 再由定理 5.4.2 知存在 $\rho > 0$，使得对所有的 $q \in R^n$，(5.3.2)成立.

推论 5.4.1　在定理 5.4.4 的条件下，我们可以得到[44]中的定理 3.3. 并且，如果对任意 $v \in R^n$，$\varphi(v) = 0$，我们可以得到[31]中的命题 6.2.

证明　对任意 $u \in R^n$，令 $S(u) = (q + F)^{-1}(u)$. 由定理 5.4.4 知 S 是单调连续的. 令 $v = q + F(u)$，由引理 5.2.1，有

$$\frac{\langle S(v), v - v_0 \rangle + \varphi(v)}{\|v\|^2}$$

$$= \frac{\langle u, q + F(u) - v_0 \rangle + \varphi(q + F(u))}{\|v\|^2}$$

$$\geqslant \frac{\langle u, F(u) - v_0 \rangle + \langle u, q \rangle + \langle q + F(u), y^0 \rangle + \beta}{\|q + F\|^2 \|u\|^2}. \tag{5.4.8}$$

由 (5.4.3)，有

$$\liminf_{\|v\| \to +\infty} \frac{\langle S(v), v - v_0 \rangle + \varphi(v)}{\|v\|^2}$$

$$\geqslant \liminf_{\|u\| \to +\infty} \frac{\langle u, F(u) - v_0 \rangle + \langle u, q \rangle + \langle q + F(u), y^0 \rangle + \beta}{\|q + F\|^2 \|u\|^2}$$

$$\geqslant -\limsup_{\|u\| \to +\infty} \frac{\langle u, v_0 - F(u) \rangle - \langle u, q \rangle - \langle F(u), y^0 \rangle - \langle q, y^0 \rangle - \beta}{\|q + F\|^2 \|u\|^2}$$

$$\geqslant -\limsup_{\|u\| \to +\infty} \frac{\langle u, v_0 - F(u) \rangle - \langle F(u), y^0 \rangle}{\|q + F\|^2 \|u\|^2}$$

$$> 0. \tag{5.4.9}$$

所以 [44] 中的定理 3.3 成立. 当 $\varphi(v) = 0$ 时，我们可以得到 [31] 中的命题 6.2.

定理 5.4.5　设 $K = R^n, F : R^n \rightrightarrows R^n$ 在 R^n 上是连续单调加的. $\varphi : R^n \to (-\infty, +\infty)$ 是固有下半连续凸泛函. 假设 $(q + F)^{-1}$ 在 R^n 上是单调连续的，并且存在 $F_0 \in R^n$，使得 (5.4.5) 成立，那么对所有的 $q \in R^n, S(K, q + F, \varphi)$ 是非空闭凸集，并且存在 $\rho > 0$，使得对所有的 $q \in M$, (5.3.2) 成立，其中 $M \subset R^n$ 是有界集.

证明　由定理 5.4.4，我们知道对所有的 $q \in R^n, S(K, q + F, \varphi)$ 是非空闭凸集. 根据定理 5.4.3，存在 $\rho > 0$，使得对所有的 $q \in M$, (5.3.2) 成立.

推论 5.4.2　在定理 5.4.5 的条件下，我们得到 [44] 中的定理 3.2.

由定理 5.4.4，我们知道对所有的 $q \in R^n, S(K, q + F, \varphi)$ 是非空闭凸集. 对任意 $q \in M$，

$$\frac{\langle S(v), v - v_0 \rangle + \varphi(v)}{\|v\|}$$

$$\geqslant \frac{\langle u, F(u) - v_0 \rangle + \langle u, q \rangle + \langle q + F(u), y^0 \rangle + \beta}{\|q + F\| \|u\|}. \tag{5.4.10}$$

由 (5.4.5)，我们知道当 $\|v\| \to \infty$ 时，

$$\frac{\langle S(v), v - v_0 \rangle + \varphi(v)}{\|v\|} \to +\infty,$$

那么 [44] 中的定理 3.2 成立.

定理 5.4.6　设 $F : R^n \rightrightarrows R^n$ 是连续单调加的，(a, b, G) 满足条件 (A) 和 (B)，

$K \subset R^n$ 是非空闭凸集，$\varphi: R^n \to (-\infty, +\infty)$ 是固有下半连续凸泛函，那么在下面任何一个条件下，DIMVI(5.1.2)都有 Carathéodory 弱解.

(a)$T_a(\varepsilon) \neq \varnothing, \forall \varepsilon > 0$，并且当 $\varepsilon \to 0$ 时，$diam T_a(\varepsilon) \to 0$.

(b)(i)对所有的 $\varepsilon > 0$，$T_a(\varepsilon) \neq \varnothing$，并且当 $\varepsilon \to 0$ 时，$\mu(T_a(\varepsilon)) \to 0$；

(ii)存在 $F_0 \in K$，使得(5.4.3)成立.

(c)$G(\Omega)$有界并且

(i)对所有的 $\varepsilon > 0$，$T_a(\varepsilon) \neq \varnothing$，并且当 $\varepsilon \to 0$ 时，$\mu(T_a(\varepsilon)) \to 0$；

(ii)存在 $F_0 \in K$，使得(5.4.5)成立.

(d)$K = R^n$，$(q + F)^{-1}$ 单值并且在 R^n 上连续，存在 $F_0 \in R^n$，使得(5.4.3)成立.

(e)$G(\Omega)$有界，$K = R^n$，$(q + F)^{-1}$ 单值并且在 R^n 上连续，存在 $F_0 \in R^n$，使得(5.4.5)成立.

证明 由定理 5.4.1~5.4.5，我们得到 $S(K, q + F, \varphi)$ 是非空闭凸集，并且满足(5.3.2). 利用引理 3.2.1 和 5.3.2，我们知道 DIMVI(5.1.2) 存在 Carathéodory 弱解.

5.5 微分逆混合变分不等式的计算方法

引理 5.5.1 设 $G: \Omega \times R^n \to R^n$ 是 Lipschitz 连续的，$F: L^2[0, T] \rightrightarrows L^2[0, T]$ 是连续的，对于 $t \in [0, T], u(t) \in L^2[0, T], G(t, x(t)) + F(u(t)) \in K$，并且对每个 $v(t) \in L^2[0, T]$，$\varphi(v(t))$ 在 $[0, T]$ 可积. 假设对任意连续函数 $P: [0, T] \to K$，我们有

$$\int_0^T \langle P(t) - G(t, x(t)) - F(u(t)), u(t) \rangle + \varphi(P(t)) - \varphi[G(t, x(t)) + F(u(t))] dt \geqslant 0,$$

$$(5.5.1)$$

那么对几乎所有的 $t \in [0, T], u(t) \in S(K, G(t, x(t)) + F, \varphi)$.

证明 假设结论不成立，那么存在 $E \subset [0, T]$，满足 $\hat{m}(E) > 0$（$\hat{m}(E)$ 表示 E 的 Lebesgue 测度），使得对所有的 $t \in E, u(t) \notin S(K, G(t, x(t)) + F, \varphi)$. 由 Lusin 定理，我们知道存在 E 的闭子集 E_1，满足 $m(E_1) > 0$，使得 $u(t)$ 在 E_1 上连续. 那么存在 E_1 的闭子集 E_2，满足 $m(E_2) > 0$，使得 $\varphi[G(t, x(t)) + F(u(t))]$ 在 E_2 上是连续的. 所以存在 $P_0 \in K$，使得对几乎所有的 $t \in E_2$，

$$\int_{E_2} \langle P_0 - G(t, x(t)) - F(u(t)), u(t) \rangle + \varphi(P_0) - \varphi[G(t, x(t)) + F(u(t))] dt < 0.$$

令

$$F_0(t) = \begin{cases} P_0, & t \in E_2, \\ G(t, x(t)) + F(u(t)), & t \in [0, T] \backslash E_2. \end{cases} \quad (5.5.2)$$

显然 $F_0(t) \in K$ 在 $[0, T]$ 上是可积的. 因为连续函数空间 $C([0, T]; R^n)$ 在空间 $L^1([0, T]; R^n)$ 中是稠密的, 我们可以用连续函数 $\overline{F}(t) \in R^n$ 来近似 $F_0(t) \in L^1([0, T]; R^n)$. 所以存在连续函数 $\overline{F}(t) \in K$, 使得

$$\int_0^T \langle \overline{F}(t) - G(t, x(t)) - F(u(t)), u(t) \rangle + \varphi(P_0) - \varphi[G(t, x(t)) + F(u(t))] \mathrm{d}t < 0,$$

这与 (5.5.1) 矛盾.

现在我们讨论初值 DIMVI(5.1.2) 的弱解的收敛性. 我们将 $[0, T]$ 等距离划分, 有 $0 = t_0 < t_1 < \cdots < t_N = T$, 步长为 $h = \dfrac{T}{N}$. 设 $x^{h,0} = x^0$, 我们计算如下:

$$\{x^{h,1}, x^{h,2}, \cdots, x^{h,N}\} \subset R^m, \quad \{u^{h,1}, u^{h,2}, \cdots, u^{h,N}\} \subset R^n. \tag{5.5.3}$$

对 $i = 0, 1, \cdots, N_h$,

$$\begin{cases} x^{h,i+1} = x^{h,i} + h[a(t_{h,i+1}, \theta x^{h,i+1}(1-\theta)x^{h,i+1}) + b(t_{h,i}, x^{h,i})u^{h,i+1}], \\ u^{h,i+1} \in S(K, G(t_{h,i+1}, x^{h,i+1}) + F, \varphi), \end{cases}$$

$$\tag{5.5.4}$$

式中, $N_h = \dfrac{T}{h} - 1$. 设 $\hat{x}^h(\cdot)$ 是 $\{x^{h,i+1}\}$ 的连续的分段线性插值, $\hat{u}^h(\cdot)$ 是 $\{u^{h,i+1}\}$ 的分段插值, 即对于 $i = 0, 1, \cdots, N_h$,

$$\begin{cases} \hat{x}^h(t) = x^{h,i} + \dfrac{t - t_i}{h}(x^{h,i+1} - x^{h,i}), & \forall t \in [t_{h,i}, t_{h,i+1}], \\ \hat{u}^h(t) = u^{h,i+1}, & \forall t \in (t_i, t_{i+1}]. \end{cases} \tag{5.5.5}$$

我们用 $L^2[0, T]$ 表示所有满足 $\int_0^T \|u(t)\|^2 \mathrm{d}t < \infty$ 的可测函数 $u: [0, T] \to R^n$ 的集合. 内积定义为

$$\langle u, v \rangle = \int_0^T \langle u(t), v(t) \rangle \mathrm{d}t, \quad \forall u, v \in L^2[0, T].$$

引理 5.5.2 设 a, b, G 满足条件 (A) 和 (B). 假设 $S(K, q + F, \varphi)$ 满足 (5.3.2), 那么存在 $h_1 > 0, \rho_u$ 和 ψ_x 使得对所有的 $h \in (0, h_1]$,

$$\begin{cases} \|u^{h,i+1}\| \leqslant \rho_u(1 + 2\|x^{h,i}\|), \\ \|x^{h,i+1} - x^{h,i}\| \leqslant h\psi_x(1 + \|x^{h,i}\|). \end{cases} \tag{5.5.6}$$

证明 下面的证明中, $h > 0$ 是充分小的. 利用 [31] 中的引理 7.1, 有

$$\|x^{h,i+1} - x^{h,i}\| \leqslant h \frac{\rho_a(1 + \|x^{h,i}\|) + \sigma_b\|u^{h,i+1}\|}{1 - h(1-\theta)\rho_a}.$$

设 $\rho_x = \dfrac{\rho_a + \sigma_b}{1 - h(1-\theta)\rho_a}$, 那么

$$\|x^{h,i+1} - x^{h,i}\|$$

$$\leqslant \rho_x h(1 + \|x^{h,i}\| + \|u^{h,i+1}\|). \tag{5.5.7}$$

由于 $S(K, q + F, \psi)$ 满足 (5.3.2), 我们有

$$\|u^{h,i+1}\|$$

$$\leqslant \rho(1 + \|G(t_n, x^{h,i+1})\|)$$

$$\leqslant \rho(1 + \rho_G(1 + \|x^{h,i+1}\|))$$

$$\leqslant \rho(1 + \rho_G(1 + \|x^{h,i}\|) + \rho_x h(1 + \|x^{h,i}\| + \|u^{h,i+1}\|))$$

$$\leqslant \rho + \rho\rho_G + \rho_x h\rho\rho_G + (\rho\rho_G + \rho_x h\rho\rho_G)\|x^{h,i}\| + \rho_x h\rho\rho_G\|u^{h,i+1}\|.$$

$$(5.5.8)$$

设

$$M = \rho + \rho\rho_G + \rho_x h\rho\rho_G, \quad N = \rho_x\rho\rho_G,$$

我们得到

$$\|u^{h,i+1}\| \leqslant M + M\|x^{h,i}\| + Nh\|u^{h,i+1}\|,$$

这说明

$$(1 - hN)\|u^{h,i+1}\| \leqslant M(1 + \|x^{h,i}\|).$$

设 $0 < h < \dfrac{1}{N}$，那么

$$\|u^{h,i+1}\| \leqslant \frac{M}{1 - hN}(1 + \|x^{h,i}\|),$$

并且存在 $\rho_u > 0$，使得

$$\|u^{h,i+1}\| \leqslant \rho_u(1 + 2\|x^{h,i}\|). \quad (5.5.9)$$

取 $h_1 = \dfrac{1}{2N}$，$\psi_x = \rho_x + 2\rho_x\rho_u$，对于 $h \in (0, h_1]$，由(5.5.7)和(5.5.9)，我们可推得

$$\|x^{h,i+1} - x^{h,i}\|$$

$$\leqslant h\rho_x(1 + \|x^{h,i}\| + \rho_u(1 + 2\|x^{h,i}\|))$$

$$\leqslant h(\rho_x + \rho_x\rho_u + (\rho_x + 2\rho_x\rho_u)\|x^{h,i}\|)$$

$$\leqslant h(\rho_x + 2\rho_x\rho_u)(1 + \|x^{h,i}\|)$$

$$\leqslant h\psi_x(1 + \|x^{h,i}\|). \quad (5.5.10)$$

类似于[31]中命题 7.1 的证明，我们得到下面的结果.

命题 5.5.1 设 (a, b, G) 满足条件(A)和(B)，$K \subset R^n$ 是非空闭凸子集，$F:$ $R^n \rightrightarrows R^n$ 是连续单调加的，$\varphi:R^n \rightarrow (-\infty, +\infty)$ 是固有下半连续凸泛函. 假设存在 $\rho > 0$，使得对所有的 $q \in G(\Omega)$，(5.3.2)成立，那么存在 $h_R > 0$，使得对所有的 $h \in (0, h_R]$，$\theta \in [0,1]$ 和 $x^0 \in R^n$ 存在 $(x^{h,i+1}, u^{h,i+1})$ 满足(5.5.4)，其中 $i = 0, 1, \cdots, N_h$.

定理 5.5.1 设 (a, b, G) 满足条件(A)和(B)，$K \subset R^n$ 是非空闭凸子集. 设映射 $F:R^n \rightarrow R^n$ 是连续单调的，$\varphi:R^n \rightarrow (-\infty, +\infty)$ 是固有下半连续凸泛函，并且在 R^n 上可积. 假设 $S(K, G(t,x) + F(\cdot), \varphi) \neq \varnothing$，存在 $M > 0$，使得对任意 $y \in R^n, \varphi(y) \leqslant M$，存在 $\rho > 0$ 使得(5.3.2)成立，那么如(5.5.5)中定义的 $\{(\hat{x}^h, \hat{u}^h)\}$ 有子列 $\{(\hat{x}^{h_v}, \hat{u}^{h_v})\}$，使得当 $v \rightarrow \infty$ 时，$\hat{x}^{h_v}$ 在 $[0, T]$ 上一致收敛到 $\tilde{x}$，并且 $\hat{u}^{h_v}$ 在 $L^2([0,T])$ 上弱收敛到 $\tilde{u}$. 进一步，假设 $F(u) = \psi(Eu)$，其中 $E \in R^{n \times n}$，并且 $\psi:$

$R^n \to R^n$ 是 Lipschitz 连续的，存在 $C > 0$，使得对所有的 h 充分小，

$$\| Eu^{h,i+1} - Eu^{h,i} \| \leqslant hC, \tag{5.5.11}$$

那么，$(\tilde{x}, \tilde{u})$ 是初值 DIMVI(5.1.2) 的 Carathéodory 弱解.

证明 由引理 5.5.2，我们有

$$\| u^{h,i+1} \| \leqslant \rho_u (1 + 2\| x^{h,i} \|),$$

并且

$$\| x^{h,i+1} - u^{h,i} \| \leqslant h\psi_x (1 + \| x^{h,i} \|).$$

因此，利用[31]中的引理 7.2，可知存在 $c_{0,x}, c_{1,x}, c_{1,u}$，使得对所有的 $h \in (0, h_1]$ 和 $i = 0, 1, \cdots, N_h$，

$$\begin{cases} \| x^{h,i+1} \| \leqslant c_{0,x} + c_{1,x} \| x^0 \|, \\ \| u^{h,i+1} \| \leqslant c_{0,u} + c_{1,u} \| x^0 \|. \end{cases} \tag{5.5.12}$$

由(5.5.12)和(5.5.7)，我们推得对所有的 $h > 0$ 充分小存在 $L_{x^0} > 0$，它不依赖于 h，使得

$$\| x^{h,i+1} - x^{h,i} \| \leqslant L_{x^0} h, \quad i = 0, 1, \cdots, N_h. \tag{5.5.13}$$

再由(5.5.5)，我们得到 $\hat{x}^h$ 在 $[0, T]$ 上也是 Lipschitz 连续的. Lipschitz 常数不依赖于 h，那么存在 $h_0 > 0$，使得 $\{\hat{x}^h\} (h \in (0, h_0])$ 是等度连续函数族.

设

$$\| \hat{x}^h \|_{L^\infty} = \sup_{t \in [0,T]} \| \hat{x}^h(t) \|,$$

由(5.5.5)和(5.5.12)，我们推得 $\{\hat{x}^h\}$ 是一致有界的. 根据 Arzelá-Ascoli 定理，我们知道存在序列 $\{h_n\} \downarrow 0$，使得 $\{\hat{x}^{h_n}\}$ 在 $[0, T]$ 上一致收敛到 $\tilde{x}$. 由(5.3.2)和(5.5.12)，我们知道在 $[0, T]$ 上 $\{u^{h,i+1}\}$ 按 L^∞ 范数一致有界，所以 $\{\hat{u}^h\}$ 在 $[0, T]$ 上按 L^∞ 范数一致有界. 因为 $L^2[0, T]$ 是自反 Banach 空间，那么存在序列 $\{h_n\} \downarrow 0$，使得 $\hat{u}^{h_n}$ 在 $L^2[0, T]$ 上弱收敛到 $\tilde{u}$.

下面我们说明 $(\tilde{x}, \tilde{u})$ 是 DIMVI(5.1.2) 的弱解. 首先我们证明 $\tilde{x}(0) = x^0$. 因为对所有 $h > 0$ 充分小有 $\hat{x}^h(0) = x^0$，并且当 $v \to \infty$ 时，$\hat{x}^{h_v}$ 一致收敛到 $\tilde{x}$，所以我们有 $\tilde{x}(0) = x^0$.

其次，我们说明对几乎所有的 $t \in [0, T]$，

$$\tilde{u}(t) \in S(K, G(t, \tilde{x}(t)) + F(\bullet), \varphi).$$

根据[31]中的定理 7.1，我们有

$$\{ G(t, \hat{x}^{h_v}) + F(\hat{u}^{h_v}) \} \to G(t, \tilde{x}) + F(\tilde{u}) \in K.$$

由引理 5.2.2 和[83]中的推论 3.35，我们有 ψ 是弱拓扑意义下的下半连续泛函. 因此，对所有的连续函数 $\overline{F} : [0, T] \to K$，

$$\limsup_{v \to \infty} \int_0^T \{ \varphi(\overline{F}(t)) - \varphi[G(t, \hat{x}^{h_v}(t)) + \psi(E\hat{u}^{h_v}(t))] \} \mathrm{d}t$$

$$\leqslant \int_0^T \{ \varphi(\overline{F}(t)) - \varphi[G(t, \tilde{x}(t)) + \psi(E\tilde{u}(t))] \} \mathrm{d}t. \tag{5.5.14}$$

所以

$$\limsup_{v \to \infty} \int_0^T \{ \langle \overline{F}(t) - G(t, \hat{x}^{h_v}(t)) - \psi(E\overline{u}^{h_v}), \hat{u}^{h_v}(t) \rangle$$
$$+ \varphi(\overline{F}(t)) - \varphi[G(t, \tilde{x}^{h_v}(t)) + \psi(E\overline{u}^{h_v})] \} dt$$
$$\leqslant \int_0^T \{ \langle \overline{F}(t) - G(t, \tilde{x}(t)) - \psi(E\overline{u}), \overline{u}(t) \rangle$$
$$+ \varphi(\overline{F}(t)) - \varphi[G(t, \tilde{x}(t)) + \psi(E\overline{u})] \} dt. \tag{5.5.15}$$

因为

$$\hat{x}^h(t) = x^{h,i} + \frac{t - t_i}{h}(x^{h,i+1} - x^{h,i}), \quad \forall t \in [t_{h,i}, t_{h,i+1}],$$

我们有

$$\| \hat{x}^h - x^{h,i+1} \| = \left\| \frac{t - t_i - h}{h}(x^{h,i+1} - x^{h,i}) \right\|. \tag{5.5.16}$$

由(5.5.13)，我们得到

$$\| \tilde{x}^h - x^{h,i+1} \| \leqslant L_{x^0} h,$$

因此

$$\left\| \sum_{i=0}^{N_h} \int_{t_{h,i}}^{t_{h,i+1}} \{ \langle G(t_{h,i+1} - x^{h,i+1}) - G(t, \hat{x}^h), u^{h,i+1} \rangle \right.$$
$$+ \varphi[G(t_{h,i+1}, x^{h,i+1}) + \psi(Eu^{h,i+1})] - \varphi[G(t, \hat{x}^h) + \psi(Eu^{h,i+1})] \} dt \Big\|$$
$$\leqslant Nh \{ (L_G h + L_G L_{x^0} h) \| u^{h,i+1} \|_{L^\infty} + 2M \}. \tag{5.5.17}$$

由(5.5.17)，我们推得

$$\int_0^T \{ \langle \overline{F} - G(t, \hat{x}^h) - \psi(E\hat{u}^h), \hat{u}^h \rangle + \varphi(\overline{F}) - \varphi[G(t, \hat{x}^h) + \psi(E\hat{u}^h)] \} dt$$
$$= \sum_{i=0}^{N_h} \int_{t_{h,i}}^{t_{h,i+1}} \{ \langle \overline{F}(t) - G(t, \hat{x}^h(t)) - \psi(Eu^{h,i+1}), u^{h,i+1} \rangle$$
$$+ \varphi(\overline{F}(t)) - \varphi[G(t, \hat{x}^h(t)) + \psi(Eu^{h,i+1})] \} dt$$
$$= \sum_{i=0}^{N_h} \int_{t_{h,i}}^{t_{h,i+1}} \{ \langle \overline{F}(t) - G(t_{h,i+1}, x^{h,i+1}) - \psi(Eu^{h,i+1}), u^{h,i+1} \rangle$$
$$+ \varphi(\overline{F}(t)) - \varphi[G(t_{h,i+1}, x^{h,i+1}) + \psi(Eu^{h,i+1})] \} dt$$
$$+ \sum_{i=0}^{N_h} \int_{t_{h,i}}^{t_{h,i+1}} \{ \langle G(t_{h,i+1}, x^{h,i+1}) - G(t, \hat{x}^h), u^{h,i+1} \rangle$$
$$+ \varphi[G(t_{h,i+1}, x^{h,i+1}) + \psi(Eu^{h,i+1})] - \varphi[G(t, \hat{x}^h) + \psi(Eu^{h,i+1})] \} dt$$
$$\geqslant h \sum_{i=0}^{N_h} \frac{1}{h} \int_{t_{h,i}}^{t_{h,i+1}} \{ \langle \overline{F}(t) - G(t_{h,i+1}, x^{h,i+1}) - \psi(Eu^{h,i+1}), u^{h,i+1} \rangle$$
$$+ \varphi(\overline{F}(t)) - \varphi[G(t_{h,i+1}, x^{h,i+1}) + \psi(Eu^{h,i+1})] \} dt$$
$$- Nh[L_G h(1 + L_{x^0}) \| \hat{u}^h \|_{L^\infty} + 2M]. \tag{5.5.18}$$

因为 K 是凸集，那么

$$\frac{1}{h}\int_{t_{h,i}}^{t_{h,i+1}}\overline{F}(t)\mathrm{d}t \in K.$$

因为 $u^{h,i+1} \in S(K,G(t_{h,i+1},x^{h,i+1}) + F,\varphi)$，所以

$$\limsup_{h\to 0}\int_0^T \{\langle \overline{F}(t) - G(t,\hat{x}^h(t)) - \psi(E\hat{u}^h(t)),\hat{u}^h(t)\rangle$$

$$+ \varphi(\overline{F}(t)) - \varphi[G(t,\hat{x}^h(t)) + \psi(E\hat{u}^h(t))]\}\mathrm{d}t \geqslant 0. \qquad (5.5.19)$$

由 $(5.5.15)$，我们知道对所有的连续函数 $\overline{F}:[0,T] \to K$，

$$\int_0^T \{\langle \overline{F}(t) - G(t,\tilde{x}(t)) - \psi(E\bar{u}(t)),\bar{u}(t)\rangle + \varphi(\overline{F}(t)) - \varphi[G(t,\tilde{x}(t)) + \psi(E\bar{u}(t))]\}\mathrm{d}t \geqslant 0.$$

根据引理 $5.5.1$，可知对几乎所有的 $t \in [0,T]$，

$$\bar{u}(t) \in S(K,G(t,x(t)) + f(\cdot),\varphi).$$

类似于 $[31]$ 中定理 7.1 的证明，我们推得对任意 $0 \leqslant s \leqslant t \leqslant T$，

$$\tilde{x}(t) - \tilde{x}(s) = \int_s^t [a(\tau,\tilde{x}(\tau)) + b(\tau,\tilde{x}(\tau))\bar{u}(\tau)]\mathrm{d}\tau.$$

第6章 一类微分逆变分不等式解的算法

在本章中,我们对有限维空间中的一类微分逆变分不等式解的算法进行了研究. 首先,在一定的假设条件下,我们研究了对应的逆变分不等式解的线性增长的性质. 其次,我们证明了这类微分逆变分不等式有 Carathéodory 弱解. Carathéodory 弱解存在性的证明方法主要依赖于可测选择引理. 最后,通过利用微分包含的结果,我们建立了时间依赖的解微分逆变分不等式的 Euler 时间步长算法.

6.1 引言

2010 年,Li 等[44]对微分混合变分不等式解的存在性和算法进行了研究,给出了解存在的条件,并设计了求解微分混和变分不等式的时间依赖的算法,分析了算法的收敛性,取得的结果丰富和扩展了[31]中的结果. 后来 Wang 等[77]在有限维空间中介绍并研究了微分向量变分不等式,取得了微分向量变分不等式解的存在性成果. 2013 年,Gwinner[10]在 Hilbert 空间中研究了一类微分变分不等式解的稳定性. Chen 等[67]分析了一类微分变分不等式解的正则时间步长算法.

逆变分不等式在经济、管理和交通网络等领域都有重要的应用. 对于逆变分不等式解的算法,研究的文献也比较多. Barbagallo 和 Maur[88]利用逆变分不等式研究了动态市场均衡问题,他们给出了均衡解的存在性以及算法,并且给出了具体的数值算例.

有限维空间中的逆变分不等式如下:找 $x \in R^n$,使得

$$f(x) \in K, \quad \langle x' - f(x), x \rangle \geqslant 0, \quad \forall x' \in K,$$

式中,$f: R^n \to R^n$ 是一个映射,$K \subset R^n$ 是一个闭凸集合. 设 $S(K, f)$ 表示逆变分不等式的解的集合. 如果 f^{-1} 是存在的,那么可以很容易地把逆变分不等式转化成变分不等式. Li 等[85]研究了一个新的微分逆变分不等式,给出了微分逆变分不等式 Carathéodory 弱解的存在性,并给出了微分逆变分不等式在空间价格均衡控制问题中的应用实例. 他们假设了商品的转移量和税收可以分开表示,互不影响,并且满足一定的关系式. 这时,空间价格均衡控制问题可以转化成微分逆变分不等式. 这是一种特殊的情况,对于更广义的情况,此模型和方法就不可行. 因此,本书研究了更广义的一类微分逆变分不等式模型,这对其他形式的价格均衡控制问题的解决起到

了重要的作用.

我们在有限维空间中研究更广义的微分逆变分不等式:

$$
\begin{cases}
\dot{x}(t) = a(t,x(t)) + b(t,x(t))u(t), \\
u(t) \in S(K,g(t,x(t),\cdot)), \quad \forall t \in [0,T], \\
x(0) = x^0,
\end{cases}
\tag{6.1.1}
$$

式中,$K \subset R^n$ 是一个非空闭凸集合,$\Omega \equiv [0,T] \times R^m$,$(a,b):\Omega \to R^m \times R^{m \times n}$ 是给定的函数,$g:[0,T] \times R^m \times R^n \to R^n$ 是一个线性函数.

我们希望找到时间依赖的 Carathéodory 弱解 $x(t)$ 和 $u(t)$,使得(6.1.1)对于 $t \in [0,T]$ 成立. 也就是说,满足 x 是 $[0,T]$ 上的绝对连续函数,u 是 $[0,T]$ 上的可积函数,微分方程对几乎所有的 $t \in [0,T]$ 成立. 并且,对任意的连续函数 $\bar{u}:[0,T] \to K$,满足

$$
\int_0^T \langle \bar{u}(t) - g(t,x(t),u(t)), u(t) \rangle \mathrm{d}t \geqslant 0,
\tag{6.1.2}
$$

这也意味着 $t \in [0,T]$,$u(t) \in S(K,g(t,x(t),\cdot))$.

在 6.2 节,我们利用微分包含和集值映射的上半连续性等性质证明微分逆变分不等式 Carathéodory 弱解的存在性. 在 6.3 节,我们给出求解微分逆变分不等式的 Euler 时间步长算法. 最后,我们给出数值模拟验证算法的有效性.

6.2 微分逆变分不等式解的存在性

引理 6.2.1 设 $K \subset R^n$ 是一个非空闭凸集合,a,b 满足条件(A)和(B),$g:[0,T] \times R^m \times R^n$ 是连续函数. 假设存在一个常数 $\rho > 0$,使得对于任意的 $(t,x) \in \Omega$,

$$
\sup\{\|u\|:u \in S(K,g(t,x,\cdot))\} \leqslant \rho(1+\|x\|),
\tag{6.2.1}
$$

那么存在一个常数 $\rho_F > 0$,使得(3.2.1)成立时映射 $F > 0$,其中 F 的定义见(7.3.1). 因此,F 是上半连续闭值的.

证明 因为 a 在 Ω 上 Lipschitz 连续,我们知道存在 $\rho_a > 0$,使得对所有的 $(t,x) \in \Omega$,

$$
\|a(t,x)\| \leqslant \rho_a(1+\|x\|).
$$

由上面的式子,我们进一步得到

$$
\begin{aligned}
&\sup\{\|y\|:y \in F(t,x)\} \\
&\leqslant \rho_a(1+\|x\|) + \sigma_b \rho(1+\|x\|) \\
&\leqslant (\rho_a + \sigma_b \rho)(1+\|x\|).
\end{aligned}
$$

设

$$
\rho_F = \rho_a + \sigma_b \rho,
$$

容易证明(3.2.1)成立,所以集值映射 F 有线性增长. 下面我们证明 F 在 Ω 上上半

连续. 因为 F 有线性增长, 如果 F 是闭的, 则 F 的上半连续性成立.

假设 $\{(t_n, x_n)\} \subset \Omega$ 收敛到 $(t_0, x_0) \in \Omega$, 并且当 $n \to \infty$ 时,

$$\{a(t_n, x_n) + b(t_n, x_n) u_n\} \to z_0 \in R^m,$$

其中对每一个 n,

$$u_n \in S(K, g(t_n, x_n, \cdot)),$$

因此

$$g(t_n, x_n, u_n) \in K \tag{6.2.2}$$

和

$$\langle \bar{u} - g(t_n, x_n, u_n) \rangle \geqslant 0, \quad \forall \bar{u} \in K. \tag{6.2.3}$$

因为

$$\|u_n\| \leqslant \rho(1 + \|x_n\|)$$

和

$$x_n \to x_0,$$

我们得到 $\{u_n\}$ 是闭的, 所以 $\{u_n\}$ 有收敛的序列 (再次用 $\{u_n\}$ 表示), 收敛到 $u_0 \in R^n$. 因为 g 是连续的, K 是闭的, 利用 (6.2.2), 有

$$g(t_n, x_n, u_n) \to g(t_0, x_0, u_0) \in K.$$

因此, 对任意的 $\bar{u} \in K$,

$$\langle \bar{u} - g(t_0, x_0, u_0), u_0 \rangle \geqslant 0, \tag{6.2.4}$$

这意味着

$$u_0 \in S(K, g(t_0, x_0, u_0)).$$

利用 a 和 b 的连续性, 我们有

$$a(t_n, x_n) + b(t_n, x_n) u_n \to z_0 = a(t_0, x_0) + b(t_0, x_0) u_0 \in F(t_0, x_0).$$

因此, F 是闭的.

引理 6.2.2 设 (a, b) 满足 (A) 和 (B), $K \subset R^n$ 是一个非空闭凸集合. 设 $g: [0, T] \times R^m \times R^n \to R^n$ 是连续线性的, 关于第三变元伪单调. 假设对所有的 $(t, x) \in \Omega, S(K, g(t, x, \cdot)) \neq \varnothing$, 那么对所有的 $(t, x) \in \Omega, S(K, g(t, x, \cdot))$ 是闭凸集合.

证明 设

$$\{u_n\} \subset S(K, g(t, x, \cdot)),$$

式中,

$$u_n \to u_0.$$

这意味着

$$g(t, x, u_n) \in K,$$

并且对任意的 $\bar{u} \in K$,

$$\langle \bar{u} - g(t, x, u_n), u_n \rangle \geqslant 0.$$

因为 K 是闭的, 并且 $g(t, x, \cdot)$ 在 R^n 上连续, 我们有

$$g(t, x, u_0) \in K,$$

并且对任意的 $\tilde{u} \in K$,

$$\langle \tilde{u} - g(t,x,u_0), u_0 \rangle \geqslant 0. \tag{6.2.5}$$

这表明

$$u_0 \in S(K, g(t,x,\cdot))$$

和对所有的 $(t,x) \in \Omega, S(K, g(t,x,\cdot))$ 是闭的.

接下来我们证明对所有的 $(t,x) \in \Omega, S(K, g(t,x,\cdot))$ 是凸的. 设 $u_1, u_2 \in S(K, g(t,x,\cdot))$,那么

$$g(t,x,u_i) \in K, \quad i = 1,2 \tag{6.2.6}$$

和

$$\langle \tilde{u} - g(t,x,u_1), u_1 \rangle \geqslant 0, \quad \forall \tilde{u} \in K, \tag{6.2.7}$$

而且

$$\langle \tilde{u} - g(t,x,u_2), u_2 \rangle \geqslant 0, \quad \forall \tilde{u} \in K. \tag{6.2.8}$$

利用 K 的凸性,由(6,2.6)得到,对 $\lambda \in (0,1)$,

$$\lambda g(t,x,u_1) + (1-\lambda)g(t,x,u_2) = g(t,x,\lambda u_1 + (1-\lambda)u_2) \in K.$$

在(6.2.7)中设

$$\tilde{u} = g(t,x,u_2)$$

和在(6.2.8)中设

$$\tilde{u} = g(t,x,u_1),$$

则

$$\langle g(t,x,u_1) - g(t,x,u_2), u_2 - u_1 \rangle \geqslant 0. \tag{6.2.9}$$

因为 g 关于第三变元伪单调,由上面不等式,得

$$g(t,x,u_1) = g(t,x,u_2).$$

利用(6.2.7),我们可以得到对于所有 $(t,x) \in \Omega$,

$$\langle \tilde{u} - g(t,x,\lambda u_1 + (1-\lambda)u_2), \lambda u_1 + (1-\lambda)u_2 \rangle \geqslant 0, \quad \forall \tilde{u} \in K.$$

这意味着

$$\lambda u_1 + (1-\lambda)u_2 \in S(K, g(t,x,\cdot)),$$

因此对所有的 $(t,x) \in \Omega, S(K, g(t,x,\cdot))$ 是凸的.

引理 6.2.3 设 (a,b) 满足(A)和(B),$K \subset R^n$ 是一个非空闭凸集合,$g:[0,T] \times R^m \times R^n \to R^n$ 连续,并且关于第三变元伪单调. 假设对所有的 $(t,x) \in \Omega, S(K, g(t, x,\cdot)) \neq \varnothing$ 并且存在常数 $\rho > 0$,使得对所有 $(t,x) \in \Omega$,(7.3.2)成立,那么微分递变分不等式(6.1.1)有 Carathéodory 弱解.

证明 证明方法类似于[31]中的方法.

引理 6.2.4 设 $K \subset R^n$ 是一个非空紧凸集合,$g:[0,T] \times R^m \times R^n \to R^n$ 连续,并且关于第三变元伪单调. 假设对所有的 $(t,x) \in \Omega, g_{tx}(\cdot) = g(t,x,\cdot)$ 是线性的,在 R^n 是一一映射,并且存在 $M > 0$,使得 $\|g_{tx}^{-1}\| \leqslant M$,那么对所有的 $(t,x) \in \Omega, S(K, g(t,x,\cdot))$ 是单元素集合,并且存在 $\rho > 0$,使得对所有的 $(t,x) \in \Omega$,(7.3.2)成立.

证明 设

$$P(u) = g_{tx}^{-1}(u) = y_u,$$

那么对于 $(t,x) \in \Omega$, 有

$$\langle Pu_1 - Pu_2, u_1 - u_2 \rangle = \langle y_{u_1} - y_{u_2}, g_{tx}(y_{u_1}) - g_{tx}(y_{u_2}) \rangle.$$

因为 $g:[0,T] \times R^m \times R^n \to R^n$ 关于第三变元伪单调, 所以 P 在 R^n 上单调. 那么利用[66]中的定理 8.1, 我们知道 $\mathrm{VI}(K,P)$ 有解. 这说明存在 $u \in K$, 使得

$$\langle \hat{u} - u, P(u) \rangle \geqslant 0, \quad \forall \hat{u} \in K.$$

因为 g_{tx} 在 R^n 上满射, 我们知道存在 $z_{tx} \in R^n$, 使得

$$g_{tx}(z_{tx}) = g(t,x,z_{tx}) = u \in K$$

和

$$\langle \hat{u} - g(t,x,z_{tx}), z_{tx} \rangle \geqslant 0, \quad \forall \hat{u} \in K.$$

这说明

$$z_{tx} \in S(K, g(t,x,\cdot)),$$

因此对于 $(t,x) \in \Omega, S(K, g(t,x,\cdot))$ 是非空的.

另外, 对所有的 $(t,x) \in \Omega$ 和 $u_1, u_2 \in S(K, g(t,x,\cdot))$, 我们有

$$g(t,x,u_1) \in K, \qquad g(t,x,u_2) \in K,$$

并且

$$\langle \tilde{u} - g(t,x,u_1), u_1 \rangle \geqslant 0, \quad \forall \tilde{u} \in K,$$
$$\langle \tilde{u} - g(t,x,u_2), u_2 \rangle \geqslant 0, \quad \forall \tilde{u} \in K.$$

设

$$\tilde{u} = g(t,x,u_2)$$

和

$$\tilde{u} = g(t,x,u_1),$$

我们有

$$\langle g(t,x,u_1) - g(t,x,u_2), u_1 - u_2 \rangle = 0.$$

因为 $g_{tx}(\cdot)$ 是伪单调的, 所以对所有的 $(t,x) \in \Omega$,

$$g(t,x,u_1) = g(t,x,u_2).$$

因为 $g_{tx}(\cdot)$ 是单射的, 我们有

$$u_1 = u_2.$$

那么很容易知道存在 $\rho > 0$, 使得 (7.3.2) 成立, 对所有的 $(t,x) \in \Omega$.

定理 6.2.1 设 (a,b) 满足 (A) 和 (B), $K \subset R^n$ 是非空紧凸集合, $g:[0,T] \times R^m \times R^n \to R^n$ 是连续的, 并且关于第三变元伪单调. 假设对所有的 $(t,x) \in \Omega, g_{tx}(\cdot) = g(t,x,\cdot)$ 在 R^n 上是线性的一一映射, 存在 $M > 0$, 使得 $\|g_{tx}^{-1}\| \leqslant M$, 那么微分逆变分不等式 (6.1.1) 有 Carathéodory 弱解.

证明 根据引理 6.2.4, 我们有对于所有的 $(t,x) \in \Omega, S(R^n, g(t,x,\cdot))$ 是单元素集, 并且存在 $\rho > 0$, 使得对所有的 $(t,x) \in \Omega$, (7.3.2) 成立. 借助引理 6.2.3, 我

们知道微分逆变分不等式(6.1.1)有 Carathéodory 弱解.

引理 6.2.5 设 $g(t,x,\cdot):R^n \to R^n$ 是伪单调的,并且在 R^n 上连续. 假设存在 $v_0 \in R^n$,使得对所有的 $(t,x) \in \Omega$,

$$\liminf_{\|v_0\| \to \infty} \frac{\langle g(t,x,v_0),v_0 \rangle}{\|v_0\|^2} > 0, \tag{6.2.10}$$

那么 $S(R^n,g(t,x,\cdot))$ 是非空的,并且存在 $\rho > 0$,使得对所有的 $(t,x) \in \Omega$,(7.3.2) 成立.

证明 根据[58]中的引理 4.1,我们知道为了证明 $S(R^n,g(t,x,\cdot)) \neq \varnothing$,我们只需证明存在 $v \in R^{2n}$,使得

$$\langle \tilde{v} - v, P(v) \rangle \geqslant 0, \quad \forall \tilde{v} \in R^{2n},$$

式中,

$$v = \begin{bmatrix} u \\ y \end{bmatrix}$$

和

$$P(v) = \begin{bmatrix} g(t,x,u) - y \\ u \end{bmatrix}.$$

因为 $g(t,x,\cdot):R^n \to R^n$ 在 R^n 上伪单调,我们有

$$\langle P(v_1) - P(v_2), v_1 - v_2 \rangle$$
$$= \langle g(t,x,u_1) - g(t,x,u_2) + y_2 - y_1, u_1 - u_2 \rangle + \langle y_1 - y_2, u_1 - u_2 \rangle$$
$$= \langle g(t,x,u_1) - g(t,x,u_2), u_1 - u_2 \rangle$$
$$\geqslant 0. \tag{6.2.11}$$

这意味着 P 在 R^{2n} 上伪单调. 根据[44]中的引理 3.2,我们知道存在 $v \in R^{2n}$,使得

$$\langle \tilde{v} - v, P(v) \rangle \geqslant 0, \quad \forall \tilde{v} \in R^{2n}.$$

所以,$S(R^n,g(t,x,\cdot))$ 是非空的.

利用引理 6.2.2,我们有对所有的 $(t,x) \in \Omega, S(K,g(t,x,\cdot))$ 是闭的和凸的.

接下来,我们证明第二部分.

假设结论不成立,也就是假设存在 $\{t_k,x_k\} \subset \Omega$ 和 $\{u_k\} \subset R^n$,使得对任意 $\bar{u} \in R^n$,

$$\langle \bar{u} - g(t_k,x_k,u_k), u_k \rangle \geqslant 0 \tag{6.2.12}$$

和

$$\|u_k\| \geqslant k(1 + \|x_k\|).$$

我们知道 $\{u_k\}$ 是无界的. 在(6.2.12)中设 $\bar{u} = v_0$,则

$$\langle \bar{u} - g(t_k,x_k,u_k), u_k \rangle \geqslant 0, \tag{6.2.13}$$

所以

$$\frac{\langle v_0 - g(t_k,x_k,u_k), u_k \rangle}{\|u_k\|^2} \geqslant 0.$$

这与(6.2.14)矛盾. 所以存在 $\rho>0$, 使得对任意的 $(t,x)\in\Omega$, (7.3.2)成立.

利用引理 6.2.5 和 6.2.3, 我们可以容易得到下面的结果.

定理 6.2.2 设 (a,b) 满足(A)和(B), $g:[0,T]\times R^m\times R^n\to R^n$ 是连续的, 并且关于第三变元伪单调, 假设存在 $v_0\in R^n$, 使得对所有的 $(t,x)\in\Omega$,

$$\liminf_{\|u\|\to\infty}\frac{\langle g(t,x,u),u\rangle}{\|u\|^2}>0, \qquad (6.2.14)$$

那么微分逆变分不等式(6.1.1)有 Carathéodory 弱解.

证明 通过引理 6.2.2 和 6.2.5, 我们知道 $S(R^n,g(t,x,\cdot))$ 是非空闭凸集合, 并且存在 $\rho>0$, 使得对任意的 $(t,x)\in\Omega$, (7.3.2)成立. 利用引理 6.2.3, 我们得到微分逆变分不等式(6.1.1)有 Carathéodory 弱解.

6.3 微分逆变分不等式的计算方法

引理 6.3.1 设 (a,b) 满足(A)和(B), $g:[0,T]\times R^m\times R^n\to R^n$ 是连续的, 并且关于第三变元伪单调. 假设对任意的 $x\in C([0,T];R^n)$ 和对 $t\in[0,T]$, $u\in L^2[0,T]$, $g(t,x(t),(u(t))\in K$. 如果对任意的连续函数 $P:[0,T]\to K$,

$$\int_0^T\{\langle P(t)-g(t,x(t),u(t)),u(t)\rangle\}\mathrm{d}t\geqslant 0, \qquad (6.3.1)$$

那么对几乎所有的 $t\in[0,T]$,

$$u(t)\in S(K,g(t,x(t),\cdot)).$$

证明 我们采用反证法. 假设结论不成立, 那么存在一个子集合 $E\subset[0,T]$, 满足 $\dot m(E)>0$(其中 $\dot m(E)$ 表示 E 的 Lebesgue 测度), 使得对任意 $t\in E$,

$$u(t)\notin S(K,g(t,x(t),\cdot)).$$

根据 Lusin 定理, 我们知道存在一个闭子集合 E_1, 满足 $m(E_1)>0$, 使得 $u(t)$ 在 E_1 上连续. 因此, 存在 $P_0\in K$, 使得对几乎所有的 $t\in E_1$,

$$\int_{E_1}\{\langle P_0-g(t,x(t),u(t)),u(t)\rangle\}\mathrm{d}t<0.$$

令

$$F_0(t)=\begin{cases}P_0, & t\in E_1,\\ g(t,x(t),u(t)), & t\in[0,T]\backslash E_1,\end{cases} \qquad (6.3.2)$$

那么显然有 $F_0(t)$ 在 $[0,T]$ 上是可积函数. 又因为连续函数空间 $C([0,T];R^n)$ 在空间 $L^1([0,T];R^n)$ 中稠密, 我们可以利用连续函数来近似 $F_0(t)\in L^1([0,T];R^n)$. 所以, 存在连续函数 $\overline{F}(t):[0,T]\to K$, 使得

$$\int_0^T\{\langle\overline{F}(t)-g(t,x(t),u(t)),u(t)\rangle\}\mathrm{d}t<0,$$

这与(6.3.1)矛盾,

下面我们讨论微分逆变分不等式(6.1.1)得弱解的算法及其算法的收敛性. 首先我们选择等长时间分割为

$$0 = t_0 < t_1 < \cdots < t_N = T,$$

步长为

$$h = \frac{T}{N}.$$

设 $x^{h,0} = x^*$，我们的迭代方式如下：

$$\{x^{h,1}, x^{h,2}, \cdots, x^{h,N}\} \subset R^m, \quad \{u^{h,1}, u^{h,2}, \cdots, u^{h,N}\} \subset R^n. \tag{6.3.3}$$

对 $i = 0, 1, \cdots, N_h$，

$$\begin{cases} x^{h,i+1} = x^{h,i} + h[a(t_{h,i}, x^{h,i}) + b(t_{h,i}, x^{h,i})u^{h,i+1}], \\ u^{h,i+1} \in S(K, g(t_{h,i}, x^{h,i}, \cdot)), \end{cases} \tag{6.3.4}$$

式中，$N_h = \dfrac{T}{h} - 1$.

设集值映射 F 的定义如(7.3.1). 根据(6.3.4)，我们有

$$x^{h,i+1} \in x^{h,i} F(t_{h,i}, x^{h,i}).$$

设 $\hat{x}^h(\cdot)$ 是 $\{x^{h,i+1}\}$ 的连续的分段线性插值，$\hat{u}^h(\cdot)$ 是 $\{u^{h,i+1}\}$ 的连续的分段线性插值，即

$$\begin{cases} \hat{x}^h(t) = x^{h,i} + \dfrac{t - t_i}{h}(x^{h,i+1} - x^{h,i}), & \forall t \in [t_{h,i}, t_{h,i+1}], \\ \hat{u}^h(t) = u^{h,i+1}, & \forall t \in [t_{h,i}, t_{h,i+1}], \end{cases} \tag{6.3.5}$$

式中，$i = 0, 1, \cdots, N_h$.

设 $L^2[0, T]$ 表示可测函数 $u : [0, T] \to R^n$ 的集合，并且满足

$$\int_0^T \|u(t)\|^2 \mathrm{d}t < \infty.$$

内积定义如下：

$$\langle u, v \rangle = \int_0^T \langle u(t), v(t) \rangle \mathrm{d}t, \quad \forall u, v \in L^2[0, T].$$

定理 6.3.1　设 (a, b) 满足条件(A)和(B)，$K \subset R^n$ 是一个非空闭凸集合，$g : [0, T] \times R^m \times R^n \to R^n$ 在 $[0, T] \times R^m \times R^n$ 上 Lipschitz 连续，在 $L^2([0, T], K)$ 上关于第三变元强连续. 假设 $S(K, g(t, x, \cdot)) \neq \varnothing$，而且存在常数 $\rho > 0$，使得(7.3.2)成立，那么，每一个定义如(6.3.5)的序列对 $\{(\hat{x}^h, \hat{u}^h)\}$ 有子序列 $\{(\hat{x}^{h_v}, \hat{u}^{h_v})\}$，使得当 $v \to \infty$ 时，$\hat{x}^{h_v} \to \tilde{x}$，这里的收敛是指在 $[0, T]$ 上一致收敛，并且在 $L^2([0, T])$ 中我们有 $\hat{u}^{h_v} \to \tilde{u}$，这里的收敛是指弱收敛，同时我们可以得到 $(\tilde{x}, \tilde{u})$ 是微分逆变分不等式(6.1.1)的 Carathéodory 弱解.

证明　利用引理 7.3.1 和公式(6.3.5)，我们知道存在 $\rho_u > 0$，使得

$$\|u^{h,i+1}\| \leqslant \rho_u(1 + \|x^{h,i}\|),$$

并且

$$\|x^{h,i+1} - x^{h,i}\| \leqslant h\rho_F(1 + \|x^{h,i}\|). \tag{6.3.6}$$

所以

$$\|x^{h,i+1}\| \leqslant h\rho_F + (h\rho_F + 1)\|x^{h,i}\|$$

$$\leqslant (1 + h\rho_F)^{i+1}\|x^0\| + h\rho_F \sum_{j=0}^{i}(1 + h\rho_F)^j$$

$$\leqslant (1 + h\rho_F)^{i+1}\|x^0\| + h\rho_F \frac{(1 + h\rho_F)^{i+1} - 1}{h\rho_F}$$

$$\leqslant e^{h(i+1)\rho_F}\|x^0\| + e^{T\rho_F} - 1. \tag{6.3.7}$$

这意味着存在常数 $c_{0,x}, c_{1,x}, c_{1,u}$ 和 $h_1 > 0$，使得对任意的 $h \in (0, h_1]$ 和任意的 $i = 0, 1, \cdots, N_h$，

$$\begin{cases} \|x^{h,i+1}\| \leqslant c_{0,x} + c_{1,x}\|x^0\|, \\ \|u^{h,i+1}\| \leqslant c_{0,u} + c_{1,u}\|x^0\|. \end{cases} \tag{6.3.8}$$

借助(6.3.8)和(6.3.6)，我们得出，对任意 $h > 0$ 充分小，存在 $L_{x^0} > 0$，它独立于 h，使得

$$\|x^{h,i+1} - x^{h,i}\| \leqslant L_{x^0}h, \quad i = 0, 1, \cdots, N_h. \tag{6.3.9}$$

根据(6.3.5)，我们有

$$\hat{x}^h(t_1) - \hat{x}^h(t_2) = \frac{t_1 - t_2}{h}\|t_1 - t_2\|(x^{h,i+1} - x^{h,i})$$

$$\leqslant L_{x^0}\|t_1 - t_2\|. \tag{6.3.10}$$

这意味着 $\hat{x}^h$ 在 $[0, T]$ 上是 Lipschitz 连续的，并且 Lipschitz 常数不依赖于 h. 因此，存在 $h_0 > 0$，使得函数族 $\{\hat{x}^h\}(h \in (0, h_0])$ 是等度连续函数族. 设

$$\|\hat{x}^h\|_{L^\infty} = \sup_{t \in [0,T]}\|\hat{x}^h(t)\|,$$

由(6.3.5)和(6.3.8)，我们有 $\{\hat{x}^h\}$ 是一致有界的. 通过利用 Arzelá-Ascoli 定理，存在序列 $\{h_v\} \downarrow 0$，使得在 $[0, T]$ 上，$\{\hat{x}^{h_v}\}$ 一致收敛到 $\tilde{x}$. 因此，由(7.3.2)和(6.3.8)，我们有 $\{u^{h,i+1}\}$ 在 $[0, T]$ 上，在 L^∞ 范数意义下是一致有界的. 所以，$\{\hat{u}^h\}$ 在 $[0, T]$ 上，在 L^∞ 范数意义下是一致有界的. 因为 $L^2[0, T]$ 是自反 Banach 空间，很容易知道存在序列 $\{h_v\} \downarrow 0$，使得在 $L^2[0, T]$ 中 $\hat{u}^{h_v} \to \tilde{u}$，这里的收敛是弱收敛.

下面我们证明 $(\tilde{x}, \tilde{u})$ 是微分逆变分不等式(6.1.1)的 Carathéodory 弱解.

（Ⅰ）我们首先证明 $\tilde{x}(0) = x^0$. 事实上，因为对于 $h > 0$ 充分小的时候，我们有

$$\hat{x}^h(0) = x^0,$$

并且当 $v \to \infty$ 时，$\hat{x}^{h_v} \to \tilde{x}$ 一致收敛，所以

$$\tilde{x}(0) = x^0.$$

（Ⅱ）下面我们证明，对几乎所有的 $t \in [0, T]$，

$$\tilde{u}(t) \in S(K, g(t, \tilde{x}(t), \bullet)).$$

事实上，利用 g 的强连续性，我们知道

$$\{g(t, \hat{x}^{h_v}, \hat{u}^{h_v})\} \to g(t, \tilde{x}, \tilde{u}).$$

因此,对于任意的连续函数 $\bar{F}:[0,T]\to K$,有

$$\limsup_{v\to\infty}\int_0^T\langle\bar{F}(t)-g(t,\hat{x}^{h_v}(t),\hat{u}^{h_v}),\hat{u}^{h_v}\rangle\mathrm{d}t\leqslant\int_0^T\langle\bar{F}(t)-g(t,\tilde{x}(t),\tilde{u}),\tilde{u}(t)\rangle\mathrm{d}t.$$

另外,因为

$$\hat{x}^h(t)=x^{h,i}+\frac{t-t_i}{h}(x^{h,i+1}-x^{h,i}),\quad\forall\,t\in[t_{h,i},t_{h,i+1}],$$

则

$$\|\hat{x}^h-x^{h,i+1}\|=\left\|\frac{t-t_i-h}{h}(x^{h,i+1}-x^{h,i})\right\|.$$

所以

$$\left\|\sum_{i=0}^{N_h}\int_{t_{h,i}}^{t_{h,i+1}}\langle g(t_{h,i+1},x^{h,i+1},u^{h,i+1})-g(t,\hat{x}^h,u^{h,i+1}),u^{h,i+1}\rangle\right.$$

$$\leqslant Nh[L_g(h+L_{x^0}h)\|u^h\|_{L^\infty}]. \tag{6.3.11}$$

由(6.3.11)知

$$\int_0^T\{\langle\bar{F}(t)-g(t,\hat{x}^h,\hat{u}^h),\hat{u}^h\rangle\}\mathrm{d}t$$

$$=\sum_{i=0}^{N_h}\int_{t_{h,i}}^{t_{h,i+1}}\langle\bar{F}(t)-g(t,\hat{x}^h(t),u^{h,i+1}),u^{h,i+1}\rangle\mathrm{d}t$$

$$=\sum_{i=0}^{N_h}\int_{t_{h,i}}^{t_{h,i+1}}\langle\bar{F}(t)-g(t_{h,i},x^{h,i},u^{h,i+1}),u^{h,i+1}\rangle\mathrm{d}t$$

$$+\sum_{i=0}^{N_h}\int_{t_{h,i}}^{t_{h,i+1}}\langle g(t_{h,i},x^{h,i},u^{h,i+1})-g(t,\hat{x}^h,u^{h,i+1}),u^{h,i+1}\rangle\mathrm{d}t$$

$$\geqslant h\sum_{i=0}^{N_h}\frac{1}{h}\int_{t_{h,i}}^{t_{h,i+1}}\langle\bar{F}(t)-g(t_{h,i+1},x^{h,i+1},u^{h,i+1}),u^{h,i+1}\rangle\mathrm{d}t$$

$$-Nh[L_g(h+L_{x^0}h)\|u^h\|_{L^\infty}]. \tag{6.3.12}$$

根据 K 是凸的,则

$$\frac{1}{h}\int_{t_{h,i}}^{t_{h,i+1}}\bar{F}(t)\mathrm{d}t\in K.$$

因为 $u^{h,i+1}\in S(K,g(t_{h,i+1},x^{h,i+1},\bullet))$,则

$$h\sum_{i=0}^{N_h}\frac{1}{h}\int_{t_{h,i}}^{t_{h,i+1}}\langle\bar{F}(t)-g(t_{h,i+1},x^{h,i+1},u^{h,i+1}),u^{h,i+1}\rangle\mathrm{d}t\geqslant0.$$

由(6.3.12)知,对任意的连续函数 $\bar{F}:[0,T]\to K$,

$$\int_0^T\langle\bar{F}(t)-g(t,\hat{x}^h(t),\hat{u}^h(t)),\hat{u}^h(t)\rangle\mathrm{d}t\geqslant0.$$

由引理 6.3.1,容易知道,对几乎所有的 $t\in[0,T]$,

$$\tilde{u}(t)\in S(K,G(t,x(t))+F(\bullet),\varphi).$$

(Ⅲ)类似于[31]中定理 7.1 的证明,我们可以得到对于 $0\leqslant s\leqslant t\leqslant T$,

$$\tilde{x}(t) - \tilde{x}(s) = \int_s^t [a(\tau, \tilde{x}(\tau)) + b(\tau, \tilde{x}(\tau))\tilde{u}(\tau)]d\tau.$$

（Ⅰ）～（Ⅲ）意味着($\tilde{x}, \tilde{u}$)是微分逆变分不等式(6.1.1)的一个 Carathéodory 弱解.证毕.

6.4 数值实验

在本节,我们提供一个算例来证实算法的有效性.
设

$$\begin{cases} a(t, x(t)) = 2t + 3x(t), \\ b(t, x(t)) = t\sin(x(t)), \\ g(t, x(t), u(t)) = tx(t) - u(t). \end{cases} \qquad (6.4.1)$$

对每个 $t \in [0, 4]$,

$$\begin{cases} \dot{x}(t) = 2t + 3x(t) + t\sin(x(t))u(t), & \forall t \in [0, 4], \\ \langle v - [tx(t) - u(t)], u(t) \rangle \geqslant 0, & \forall v \in [0, 5], \\ x(0) = 0. \end{cases} \qquad (6.4.2)$$

算法如下:
步骤 1:对时间区间$[0, 4]$进行分割

$$t^{h,0} = 0 < t^{h,1} = 0.05 < t^{h,2} = 0.1 < \cdots < t^{h,80} = 4,$$

每个长度 $h = 0.05$.

步骤 2:设 $x^{h,0} = 0$. 计算 $u = u^{h,1}$, u 满足

$$\langle v - [t^{h,0}x^{h,0} - u], u \rangle \geqslant 0, \quad \forall v \in [0, 5].$$

步骤 3:计算

$$x^{h,i+1} = x^{h,i} + \frac{1}{20}[a(t_{h,i}, x^{h,i}) + b(t_{h,i}, x^{h,i})u^{h,i+1}],$$

计算 $u = u^{h,i+2}$,它满足变分不等式:

$$\langle v - [t^{h,i+1}x^{h,i+1} - u], u \rangle \geqslant 0, \quad \forall v \in [0, 5], \quad i = 0, 1, \cdots, 79.$$

数值结果如图 6.1 所示.

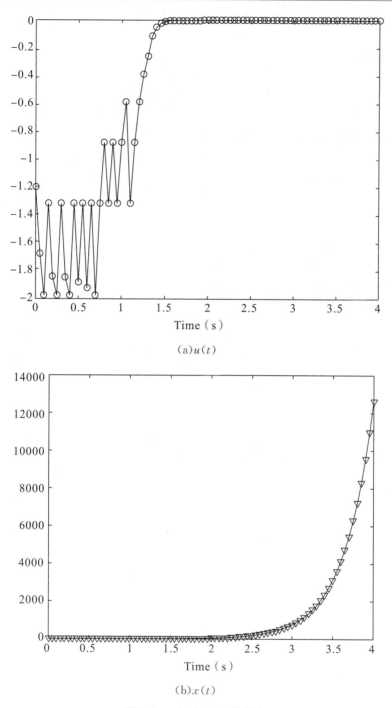

（a）$u(t)$

（b）$x(t)$

图 6.1　$u(t)$ 和 $x(t)$ 的轨迹

6.5 结论

通过利用微分包含的结果,我们建立了解微分逆变分不等式的 Euler 时间步长算法,并给出了收敛性分析. 我们也通过实际例子给出了数值算法的有效性.

另外,我们知道有很多空间价格均衡问题可以转化成微分逆变分不等式来解决,因此,对于研究空间价格均衡控制等实际问题,此结果提供了很好的方法和解决问题的有利工具.

第7章　广义微分混合拟变分不等式解的存在性和稳定性

本章我们将介绍一类广义微分混合拟变分不等式,它是由常微分方程和广义混合逆变分不等式构成的系统. 通过利用可测选择引理的一个重要结果,我们证明了广义微分混合拟变分不等式的 Carathéodory 弱解的存在性. 然后,利用广义微分混合拟变分不等式的 Carathéodory 弱解的存在性的结果,我们建立了广义微分混合拟变分不等式的两个稳定性结果,分别是广义微分混合拟变分不等式的 Carathéodory 弱解关于参数的上半连续性和下半连续性.

7.1　引言

众所周知,变分不等式有很多的扩展,如拟变分不等式、混合变分不等式和向量变分不等式等,这些变分不等式被广泛应用到财政、经济、优化和交通等领域. 对于变分不等式和常微分方程构成的系统,已经有很多的研究. 后来,许多学者对微分混合变分不等式进行了研究,并取得了很多的成果.

变分不等式和微分变分不等式的稳定性分析涉及上半连续性、下半连续性、Lipschit 连续性和解集合的可微性. 这些模型的稳定性的研究有助于在实际中确定高精度的敏感参数,为政府和决策部门就某个事件给出未来的变化情况,为均衡系统的设计和规划提供丰富的信息. 因此,变分不等式和微分变分不等式稳定性的研究吸引了很多的学者.

受上述工作的启发,本章我们研究广义微分混合拟变分不等式解的存在性和稳定性:找 $(x(t), u(t)):[0, T] \rightarrow R^n \times R^n$,使得

$$\begin{cases} \dot{x}(t) = f(t, x(t)) + B(t, x(t))u(t), \\ \langle y - h(u), G(t, x) + F(u) \rangle + p\varphi(y) - p\varphi(h(u)) \geqslant 0, \quad \forall y \in K(u), \\ h(u) \in K(u), \\ x(0) = x_0, \end{cases}$$

$$(7.1.1)$$

式中,$\dot{x}(t) = \dfrac{\mathrm{d}x}{\mathrm{d}t}$ 表示函数 x 关于时间变量 t 的导数,$(f, B, G): \Omega \rightarrow R^m \times R^{m \times n} \times R^n$

是给定的函数，$\Omega=[0,T]\times R^n$，(h,F) 是从 R^n 到 R^n 的函数，$\varphi:R^n\rightarrow(-\infty,+\infty]$ 是一个泛函，p 是一个正实数，$K:R^n\rightrightarrows R^n$ 是一个集值映射，满足对任意 $u\in R^n$，$K(u)\subset R^n$ 是一个闭凸集合.

首先，我们介绍一些基础知识. 然后，我们给出广义微分混合拟变分不等式的 Carathéodory 弱解的存在性. 最后，我们给出广义微分混合拟变分不等式在参数扰动下 Carathéodory 弱解的上半连续性和下半连续性.

7.2 基础知识

本节介绍一些基本的记号和初步的结果，给出与广义微分混合拟变分不等式有关的定义和假设条件.

定义 7.2.1[86] 设 H 是一个实的 Hilbert 空间，$g,A:H\rightarrow H$ 是两个单值映射.

(i)A 在 H 上是 $\lambda-s$ 强单调的，存在常数 λ，使得
$$\langle Ax-Ay,x-y\rangle\geqslant\lambda\|x-y\|^2,\quad\forall x,y\in H;$$

(ii)(A,g) 在 H 上是 $\mu-$强单调的，存在常数 $\mu>0$，使得
$$\langle Ax-Ay,g(x)-g(y)\rangle\geqslant\mu\|x-y\|^2,\quad\forall x,y\in H.$$

定义 7.2.2[87] 设 X,Y 是两个距离空间，$F:X\rightrightarrows Y$ 是一个集值映射.

(i)在 $x_0\in X$ 上半连续当且仅当对 $F(x)$ 的任意邻域 N，存在 $\eta>0$，使得对任意 $x\in B(x_0,\eta)$ 有 $F(x)\subset N$；

(ii)在 $x_0\in X$ 下半连续当且仅当对任意 $y\in F(x_0)$ 和任意序列 $x_n\in X$ 收敛到 x_0，存在序列 $y_n\in F(x_n)$ 收敛到 y.

定义 7.2.3[32] 设 $K:R^n\rightrightarrows R^n$ 是一个集值映射，如果存在 $c>0$，使得
$$\|K(x)\|:=\sup_{v\in K(x)}\|v\|\leqslant c(1+\|x\|),\quad\forall x\in R^n,$$
那么集值映射 K 有线性增长.

定义 7.2.4[86] 设 H 是一个实的 Hilbert 空间，$K:H\rightrightarrows H$ 是一个集值映射，满足对任意 $u\in H$，有 $K(u)$ 是 H 的一个闭凸子集. $z\in H$ 在集合 $K(u)$ 上的广义投影即 $f-$投影定义如下：
$$P_{K(u)}z=\arg\inf_{\xi\in K(u)}(\|z\|^2-2\langle z,\xi\rangle+\|\xi\|^2+2p\varphi(\xi)),\quad\forall z\in H.$$

定义 7.2.5 在 $[0,T]$ 上 $(x(t),u(t))$ 是广义微分混合拟变分不等式(7.1.1)的一个 Carathéodory 弱解，如果满足下面的条件：

(1)$h(u)\in K(u)$；

(2)$x(t)$ 在 $[0,T]$ 上绝对连续，对几乎所有的 $t\in[0,T]$，微分混合拟变分不等式(7.1.1)中的方程成立；

(3) 对每一个 $t \in [0, T], u \in L^2[0, T]$,微分混合拟变分不等式(7.1.1) 中的变分不等式成立,其中 $L^2[0, T]$ 是所有可测函数 $u : [0, T] \to R^n$ 的集合,这里 u 满足 $\int_0^T \|u(t)\|^2 \mathrm{d}t < +\infty$.

我们假设下面的(A)和(B)始终成立:

(A)假设函数 f, B 和 G 在 Ω 上是 Lipschitz 连续的,Lipschitz 常数分别是 $L_f > 0$, $L_B > 0$ 和 $L_G > 0$.

(B)假设函数 f 和 B 在 Ω 上是有界的,也就是存在常数 σ_f 和 σ_B,满足 $\sigma_B \equiv \sup\limits_{(t,x) \in \Omega} \|B(t, x)\| < \infty$, $\sigma_f \equiv \sup\limits_{(t,x) \in \Omega} \|f(t, x)\| < \infty$.

7.3 广义微分混合拟变分不等式解的存在性

在本节,利用可测选择引理,我们证明广义微分混合拟变分不等式(7.1.1) Carathéodory 弱解的存在性. 为了证明广义微分混合拟变分不等式(7.1.1) Carathéodory 弱解的存在性,我们先定义集值映射 $F(t, x) : \Omega \to 2^{R^m}$ 如下:

$$F(t, x) \equiv \{f(t, x) + B(t, x)u : u \in S(G(t, x) + F(\cdot), h, \varphi, K(\cdot))\},$$

$$(7.3.1)$$

式中,$S(G(t, x) + F(\cdot), h, \varphi, K(\cdot))$ 表示广义混合拟变分不等式解的集合.

引理 7.3.1 设对于映射 (f, G, B),假设条件(A)和(B)成立,函数 $h, F : R^n \to R^n$ 和集值映射 $K : R^n \rightrightarrows R^n$ 在 R^n 上连续,对于每一个 $u \in R^n$, $\varphi : R^n \to R \cup \{+\infty\}$ 在 $K(u)$ 上是固有连续的. 假设对所有的 $q \in G(\Omega)$, $S(q + F, h, \varphi, K(\cdot))$ 是非空的,并且存在常数 $\rho > 0$,使得

$$\sup\{\|u\| : u \in S(q + F, h, \varphi, K(\cdot))\} \leqslant \rho(1 + \|q\|), \quad (7.3.2)$$

式中,$S(q + F, h, \varphi, K(\cdot))$ 表示解 u 的集合,满足 $h(u) \in K(u)$ 和对所有的 $y \in K(u) \langle y - h(u), q + F(u) \rangle + p\varphi(y) - p\varphi(h(u)) \geqslant 0$. 那么存在一个常数 $\rho_F > 0$,使得

$$\sup\{\|y\| : y \in F(t, x)\} \leqslant \rho^F(1 + \|x\|), \quad \forall (t, x) \in \Omega,$$

并且 F 在 Ω 上是上半连续的、闭值的.

证明 证明方法类似于[31]. 这里我们省略具体过程.

定理 7.3.1 假设条件(A)和(B)是成立的,$F : R^n \to R^n$ 在 R^n 上关于常数 ρ_1 是 Lipschitz 连续的,h 是线性可逆的,线性系数是 ρ_2,$\varphi : R^n \to R \cup \{+\infty\}$ 是固有凸连续函数,并且对每一个 $u \in L^2[0, T]$, $\varphi(u(\cdot))$ 是可积的. 假设:

(i)F 在 R^n 上是 λ-strongly 单调的,(h, F) 在 R^n 上是 μ-strongly 单调的;

(ii)存在 $k > 0$,使得 $\|P_{K(u)}z - P_{K(y)}z\| \leqslant k\|u - y\|$, $\forall u, y \in R^n, z \in \{v, v = h(u) - p(q + F(u)), u \in R^n, q \in G(\Omega)\}$;

(iii)$(\rho_2^2 - 2p\mu + p^2\rho_1^2)^{\frac{1}{2}} + p(1 - 2\lambda + \rho_1^2)^{\frac{1}{2}} < p - k$;

(iv)$K: R^n \rightrightarrows R^n$ 是连续的集值映射,使得对任意的 $u \in R^n$,$K(u) \subset R^n$ 是一个闭凸集合,并且 K 有线性增长.

那么广义微分混合拟变分不等式(7.1.1)有 Carathéodory 弱解.

证明 利用[86]中的定理 4.1,根据已知条件(i),(ii)和(iii),我们有对任意 $q \in G(\Omega)$,$S(q + F, h, \varphi, K(\cdot))$ 是非空单元素集合,假设用 $\{u\}$ 来表示,那么

$$h(u) \in K(u).$$

因为 h 是线性可逆的,K 有线性增长,那么存在常数 $c > 0$,使得对任意 $q \in G(\Omega)$,

$$\|u\| = \|h^{-1}h(u)\| \leqslant c\|h^{-1}\|(1 + \|u\|).$$

根据引理 7.3.1,集值映射 F 在 Ω 上是上半连续的集值映射且有非空闭凸值,并且存在常数 $\rho_F > 0$,使得

$$\sup\{\|y\|: y \in F(t, x)\} \leqslant \rho_F(1 + \|x\|), \quad \forall(t, x) \in \Omega.$$

利用引理 3.2.1,我们得到微分包含问题 DI:$\dot{x} \in (t, x)$,$x(0) = x_0$ 有 Carathéodory 解,这意味着

$$\|x(t)\| \leqslant \|x_0\| + \int_0^t \rho_F(1 + \|x(s)\|)\mathrm{d}s.$$

进一步,借助 Gronwall's 引理,有

$$\|x(t)\| \leqslant (\|x_0\| + \rho_F T)\mathrm{e}^{\rho_F T}.$$

定义

$$U(t, x) = S(G(t, x) + F, h, \varphi, K(\cdot)).$$

下面证明 $U(t, x)$ 在 Ω 上是闭的,设

$$\{(t_n, x_n)\} \subset \Omega \rightarrow (t_0, x_0) \in \Omega,$$

并且

$$\{u_n\} \subset U(t_n, x_n) \rightarrow u_0.$$

因此

$$h(u_n) \in K(u_n), \tag{7.3.3}$$

并且

$$\langle y - h(u_n), G(t_n, x_n) + F(u_n)\rangle + p\varphi(y) - p\varphi(h(u_n)) \geqslant 0, \quad \forall y \in K(u_n). \tag{7.3.4}$$

因为 h 是连续的,K 在 R^n 上是上半连续的,根据(7.3.3),我们有

$$h(u_0) \in K(u_0).$$

K 的下半连续性意味着对任意的 $\hat{y} \in K(u_0)$,存在 $y_n \in K(u_n)$,使得

$$y_n \rightarrow \hat{y}.$$

根据(7.3.4),有

$$\langle y_n - h(u_n), G(t_n, x_n) + F(u_n)\rangle + p\varphi(y_n) - p\varphi(h(u_n)) \geqslant 0. \tag{7.3.5}$$

令 $n \to \infty$,则

$$\langle \hat{y} - h(u_0), G(t_0, x_0) + F(u_0) \rangle + p\varphi(\hat{y}) - p\varphi(h(u_0))$$

$$\geq \lim_{n \to \infty} [\langle y_n - h(u_n), G(t_n - x_n) + F(u_n) \rangle] + p\varphi(y_n) - p \liminf_{n \to \infty} \varphi(h(u_n))$$

$$\geq 0. \tag{7.3.6}$$

这意味着 $u_0 \in U(t_0, x_0)$,并且 $U(t, x)$ 在 Ω 上是闭的.

令

$$H(t, x, u) = f(t, x) + B(t, x)u,$$

根据引理 3.2.2,我们有广义微分混合拟变分不等式(7.1.1)有 Carathéodory 弱解.

7.4 广义微分混合拟变分不等式解集的稳定性

在本节中,我们主要研究广义微分混合拟变分不等式(7.1.1)解集的稳定性. 在合适的假设条件下,我们证明广义混合拟变分不等式中参数扰动时,广义微分混合拟变分不等式(7.1.1)解集的上半连续性和下半连续性. 因此,我们首先考虑含参数的广义微分混合拟变分不等式(7.1.1):

$$\begin{cases} \dot{x}(t) = f(t, x(t)) + B(t, x(t))u(t), \\ \langle y - h(u), G(t, x) + F(u, z) \rangle + p\varphi(y) - p\varphi(h(u)) \geq 0, \quad \forall y \in K(u, z), \\ h(u) \in K(u, z), \\ x(0) = x_0, \end{cases}$$

$$\tag{7.4.1}$$

式中,$F : R^n \times Z \to R^n$ 和 $K : R^n \times Z \rightrightarrows R^n$ 是扰动映射. 为了书写方便,我们用 $SD(z)$ 表示扰动后广义微分混合拟变分不等式(7.4.1)的 Carathéodory 弱解的集合,用 $SD_u(z)$ 表示解集 u.

定理 7.4.1 假设 (f, G, B) 满足条件(A)和(B),并且 $z_0 \in Z$ 是给定点. 设 $F : R^n \times Z \to R^n$ 是连续的,$h : R^n \to R^n$ 是连续线性可逆映射. 设 $K : R^n \times Z \rightrightarrows R^n$ 是连续集值映射,对每一个 $z \in Z, K(\cdot, z)$ 有线性增长,对每个 $u \in L^2[0, T]$,$\varphi : R^n \to R \cup \{+\infty\}$ 是固有凸连续的,$\varphi(u(t))$ 是可积的. 假设:

(i)存在 z_0 的邻域 $U(z_0)$,使得任意的 $z \in U(z_0)$ 和 $q \in G(\Omega), S(q + F(\cdot, z)$, $h, \varphi, K(\cdot, z))$ 是非空单元素集合;

(ii)K 在 $R^n \times \{z_0\}$ 上是闭的,$K(R^n \times Z)$ 是有界集;

(iii)$SD_u(z)$ 在 z_0 处一致紧.

那么 $SD(z)$ 在 $z_0 \in Z$ 处上半连续.

证明 由条件(i),(ii)和定理 7.3.1,我们知道对任意的 $z \in U(z_0), SD(z)$ 是非空的. 下面我们采用反证法. 假设结论不成立,那么存在一个开集 N 包含 $SD(z_0)$,使

得对任意一个序列 $z_n \in U(z_0), z_n \to z_0$，存在 $(x_n, u_n) \in SD(z_n)$，但是对每个 n，有

$$(x_n, u_n) \notin N.$$

因为 $(x_n, u_n) \in SD(z_n)$，我们得到：

(1)对任意 $0 \leqslant s \leqslant t \leqslant T$，

$$x_n(t) - x_n(s) = \int_s^t [f(\tau, x_n(\tau)) + B(\tau, x_n(\tau)) u_n(\tau)] d\tau;$$

(2) $h(u_n(t)) \in K(u_n(t), z_n)$，对任意的 $\hat{y} \in K(u_n(t), z_n)$，

$$\langle \hat{y} - h(u_n(t)), G(t, x_n(t)) + F(u_n(t)) \rangle + p\varphi(\hat{y}) - p\varphi(h(u_n(t))) \geqslant 0;$$

(3) $x_n(0) = x_0$.

因为 h 是线性连续可逆的，$K(R^n \times Z)$ 是有界的，所以存在常数 $C > 0$，使得对任意 n 和 $t \in [0, T]$，

$$\|u_n(t)\| < C.$$

利用 f 和 B 的有界性，我们有 $\{x_n\}$ 是一致有界的，并且 $\|x\|_1 = \sup\limits_{t \in [0, T]} \|x(t)\|$。因为 f, B 满足条件(A)和(B)，并且 $K(R^n \times Z)$ 是有界的，所以存在常数 $M > 0$，使得对任意 n，有

$$\|x_n(t) - x_n(s)\| \leqslant M|t - s|.$$

根据 Arzelá-Ascoli 定理，存在 $\{x_n\}$ 的子列 $\{x_{n_k}\}$，使得

$$x_{n_k} \to \hat{x}.$$

因为 $SD_u(z)$ 在 z_0 是一致紧的，所以存在 $\{u_n\}$ 的子列，记为 $\{u_{n_k}\}$，使得

$$u_{n_k} \to \hat{u}.$$

这表明

$$(x_n, u_n) \to (\hat{x}, \hat{u}) \notin N.$$

由(1)和(3)，我们有对任意的 $0 \leqslant s \leqslant t \leqslant T$，

$$\hat{x}(t) - \hat{x}(s) = \int_s^t [f(\tau, \hat{x}(\tau)) + B(\tau, x(\tau)) \hat{u}(\tau)] d\tau, \tag{7.4.2}$$

并且

$$\hat{x}(0) = x_0. \tag{7.4.3}$$

因为 K 在 $R^n \times \{z_0\}$ 上是闭的，由(2)我们有

$$h(\hat{u}(t)) \in K(\hat{u}(t), z_0). \tag{7.4.4}$$

因为 K 是下半连续的，所以对任意的 $y_0 \in K(\hat{u}(t), z_0)$，存在序列 $\{y_{n_k}\} \subset K(u_{n_k}(t), z_n)$，使得

$$y_{n_k} \to y_0.$$

由(2)有对任意 $y_0 \in K(\hat{u}(t), z_0)$，

$$\langle y_0 - h(\hat{u}(t)), G(t, \hat{x}(t)) + F(\hat{u}(t), z_0) \rangle + p\varphi(y_0) - p\varphi(h(\hat{u}(t)))$$
$$\geqslant \lim_{n \to \infty} \langle y_n - h(u_n(t)), G(t, x_n(t)) + F(u_n(t), z_n) \rangle$$
$$+ p \liminf_{n \to \infty} [\varphi(y_n) - p\varphi(h(u_n(t)))]$$

$$\geqslant 0. \tag{7.4.5}$$

根据 $(7.4.2)$,$(7.4.3)$,$(7.4.4)$ 和 $(7.4.5)$,我们有 $(\hat{x},\hat{u}) \in SD(z_0)$,这与 $(\hat{x},\hat{u}) \notin N$ 矛盾.

定理 7.4.2 假设 (f,G,B) 满足条件 (A) 和 (B),$z_0 \in Z$ 是给定的点. 设 $F:R^n \times Z \to R^n$ 是连续的,$F(\cdot,z_0)$ 是 λ-强单调,单调系数是 $\lambda > 0$,h 是恒等函数. 设 $K:R^n \times Z \rightrightarrows R^n$ 是连续集值映射,对 $z \in Z$,$K(\cdot,z)$ 有线性增长,$\varphi:R^n \to R \cup \{+\infty\}$ 是固有凸连续的,对每个 $u \in L^2[0,T]$,$\varphi(u(t))$ 是可积的. 假设:

(i) 存在 z_0 的邻域 $U(z_0)$,使得对任意 $z \in U(z_0)$,$SD(z)$ 非空的;

(ii) K 在 $R^n \times \{z_0\}$ 上是闭的,并且 $K(R^n \times Z)$ 是有界集,对任意 $\hat{u},\bar{u} \in SD_u(z_0)$,$K(\hat{u}(t),z_0) = K(\bar{u}(t),z_0)$;

(iii) $SD_u(z)$ 在 z_0 是一致紧的;

(iv) 对任意 $(\hat{x},\hat{u}) \in SD(z_0)$,$\forall y \in K(\hat{u}(t),z_0) \backslash \{\hat{u}(t)\}$,

$$\langle y - \hat{u}(t), G(t,\hat{x}(t)) + F(\hat{u}(t),z_0) \rangle + p\varphi(y) - p\varphi(\hat{u}(t)) > 0.$$

那么 $SD(z)$ 在 z_0 是下半连续的.

证明 我们采用反证法. 假设 $SD(z)$ 在 z_0 不是下半连续的,那么存在序列 $\{z_n\} \in Z$,收敛到 z_0,并且 $(\hat{x},\hat{u}) \in SD(z_0)$,使得对任意序列 $(x_n,u_n) \in SD(z_n)$,有

$$(x_n,u_n) \not\to (\hat{x},\hat{u}).$$

因为 $SD_u(z)$ 在 z_0 一致紧,所以存在 $\{u_n\}$ 的子序列 $\{u_{n_k}\}$,使得

$$u_{n_k} \to \bar{u}.$$

根据定理 7.4.1,可知 $\{x_n\}$ 有子列 $\{x_{n_k}\}$,并且 $x_{n_k} \to \bar{x}$,同时,$(\bar{x},\bar{u}) \in SD(z_0)$. 从而对 $t \in [0,T]$,

$$\bar{x}(t) = x_0 + \int_0^t [f(\tau,\bar{x}(\tau)) + B(\tau,\bar{x}(\tau))\bar{u}(\tau)]d\tau, \tag{7.4.6}$$

并且

$$\hat{x}(t) = x_0 + \int_0^t [f(\tau,\hat{x}(\tau)) + B(\tau,\hat{x}(\tau))\hat{u}(\tau)]d\tau. \tag{7.4.7}$$

根据假设,我们有

$$(\bar{x},\bar{u}) \neq (\hat{x},\hat{u}),$$

这意味着

$$\bar{x} \neq \hat{x}$$

或

$$\bar{u} \neq \hat{u}.$$

如果 $\bar{x} \neq \hat{x}$,由 $(7.4.6)$ 和 $(7.4.7)$,我们有

$$\bar{u} \neq \hat{u}.$$

如果 $\hat{u} \neq \bar{u}$,根据假设条件 (iv),可以得到对任意 $y_1 \in K(\hat{u}(t),z_0) \backslash \{\hat{u}(t)\}$,

$$\langle y_1 - \hat{u}(t), G(t,\hat{x}(t)) + F(\hat{u}(t),z_0) \rangle + p\varphi(y_1) - p\varphi(\hat{u}(t)) > 0,$$

$$\tag{7.4.8}$$

对任意 $y_2 \in K(\bar{u}(t), z_0) \backslash \{\bar{u}(t)\}$,

$$\langle y_2 - \bar{u}(t), G(t, \bar{x}(t)) + F(\bar{u}(t), z_0) \rangle + p\varphi(y_2) - p\varphi(\bar{u}(t)) > 0. \tag{7.4.9}$$

令 $y_1 = \bar{u}(t), y_2 = \hat{u}(t)$,则

$$\langle \bar{u}(t) - \hat{u}(t), G(t, \hat{x}(t)) - G(t, \bar{x}(t)) + F(\hat{u}(t), z_0) - F(\bar{u}(t), z_0) \rangle > 0,$$

这表明

$$\langle \bar{u}(t) - \hat{u}(t), F(\bar{u}(t), z_0) - F(\hat{u}(t), z_0) \rangle < \langle \bar{u}(t) - \hat{u}(t), G(t, \hat{x}(t)) - G(t, \bar{x}(t)) \rangle.$$

因为 $F: R^n \times Z \to R^n$ 在 $R^n \times \{z_0\}$ 上是 λ-强单调,G 在 Ω 上是 Lipschitz 连续函数,Lipschitz 常数是 $L_G > 0$,那么

$$\|\bar{u}(t) - \hat{u}(t)\| < \frac{L_G}{\lambda} \|\bar{x}(t) - \hat{x}(t)\|.$$

由 $(7.4.6)$ 和 $(7.4.7)$,我们知道存在常数 $C_1 > 0$,使得

$$\|\bar{x}(t) - \hat{x}(t)\| < C_1 \int_0^t \|\bar{x}(s) - \hat{x}(s)\| \mathrm{d}s.$$

利用 Gronwall 不等式,我们有

$$\|\bar{x}(t) - \hat{x}(t)\| < 0,$$

这是矛盾的.

7.5 结论

广义微分混合拟变分不等式是一类比较广的微分变分不等式,在经济、工程和交通等领域有重要的应用价值,是经典微分变分不等式的进一步推广,本章获得的一些结果也是对以往已有成果的推广.

本章我们利用可测选择引理给出了常微分方程和广义混合逆变分不等式构成的系统 Carathéodory 弱解存在性的条件。然后,利用广义微分混合拟变分不等式的 Carathéodory 弱解存在性的结果,我们给出了广义微分混合拟变分不等式的两个稳定性结果,分别是广义微分混合拟变分不等式的 Carathéodory 弱解关于参数的上半连续性和下半连续性.

第8章 有限维空间中的一类微分逆拟变分不等式

本章我们在有限维空间中介绍和研究一类微分逆拟变分不等式. 首先, 我们利用可测选择引理证明微分逆拟变分不等式 Carathéodory 弱解的存在性. 然后, 通过 Euler 计算方法, 我们构建一个求解微分逆拟变分不等式的 Euler 时间步长算法, 并证明算法的有效性.

8.1 引言

由于逆变分不等式在优化、工程、机械、经济和交通等领域有着重要的应用, 所以越来越多的学者对逆变分不等式进行了研究. 在一定条件下, 如逆变分不等式中的映射是一一映射时, 逆变分不等式和变分不等式之间可以一一转化. 在经济、交通、管理科学等领域的经典微分变分不等式就可以转化成逆变分不等式, 两者在一定条件下是等价的. 最近, 利用 KKM 定理和 Kakutani-Fan-Glicksberg 不动点定理, Han 等[89]证明了逆变分不等式和拟变分不等式解的存在性. 作为逆变分不等式重要的推广, 逆拟变分不等式是指找 $u^* \in R^n$, 使得 $g(u^*) \in K(u^*)$,

$$\langle h(u^*), y - g(u^*) \rangle \geqslant 0, \quad \forall y \in K(u^*), \tag{8.1.1}$$

式中, $h, g : R^n \to R^n$ 是连续映射, 对任意 $u \in R^n$, $K : R^n \to 2^{R^n}$ 是集值映射, 使得 $K(u)$ 是 R^n 中的闭凸子集, $\langle \cdot, \cdot \rangle$ 表示 R^n 中的内积. 除了逆拟变分不等式, 越来越多的逆拟变分不等式的推广也有很多好的结果. 2008 年, Pang 和 Steward 研究了一类微分变分不等式, 它由常微分方程和一个含有参数的变分不等式组成. 微分变分不等式统一了几类数学问题, 如常微分方程、动态补系统和微分代数几何以及发展型变分不等式. 同时, 微分变分不等式在生物、管理和经济等方面也有广泛应用. 因此, 作为与微分变分不等式与微分逆变分不等式的推广, 微分逆拟变分不等式在各个方面都有重要的应用. 本章我们主要研究微分逆拟变分不等式(DIQVI):

$$\begin{cases} \dot{x}(t) = f(t, x(t)) + B(t, x(t)) u(t), \\ u(t) \in \text{SIQVI}(h(\cdot), G(t, x(t)) + F(\cdot), K(\cdot)), \quad \forall t \in [0, T], \\ x(0) = x_0, \end{cases}$$

$$(8.1.2)$$

式中,$x(t),u(t)$是$[0,T]$上的两个函数,$\dot{x}(t)=\dfrac{\mathrm{d}x}{\mathrm{d}t}$表示$x$关于$t$的导函数,$K:R^n\to 2^{R^n}$是一个集值映射,$F:R^n\to R^n$是一个函数,$(f,B,G):\Omega\to R^m\times R^{m\times n}\times R^n$是$\Omega=[0,T]\times R^n$上给定的映射.

在8.2节,我们给出一些基本的定义和结果.在8.3节,我们利用与微分包含有关的理论证明微分逆拟变分不等式解的存在性.在8.4节,我们构建了一个求解微分逆拟变分不等式的Euler时间步长算法,并证明了算法的收敛性.

8.2　基础知识

定义8.2.1　设$g,f:R^n\to R^n$是两个映射.(f,g)在R^n上是$\mu-$strongly单调的,存在$\mu>0$,使得

$$\langle f(x)-f(y),g(x)-g(y)\rangle\geqslant u\|x-y\|^2,\quad\forall x,y\in R^n.$$

定义8.2.2[86]　设H是Hilbert空间,$K:H\to 2^H$是集值映射,使得$K(u)$是H的闭凸子集.设$P_K:H\to H$是广义$f-$投影算子,有

$$P_{K(x)}z=\arg\inf_{\xi\in K(x)}\{\|z\|^2-2\langle z,\xi\rangle+\|\xi\|^2\},\quad\forall z\in H.$$

定义8.2.3[87]　设X,Y是两个距离空间,$F:X\to Y$是集值映射且值域非空.$f:X\to Y$单值映射,如果对$\forall x\in X,f(x)\in F(x)$,则称$f$为$F$的选择.

类似于微分变分不等式的Carathéodory弱解,我们定义微分逆拟变分不等式的Carathéodory弱解.

定义8.2.4　设$x(t),u(t):[0,T]\to R^n$是两个函数,$(x(t),u(t))$是微分逆拟变分不等式(8.1.2)的Carathéodory弱解.$x(t)$是$[0,T]$上的绝对连续函数,对几乎所有的$t\in[0,T]$,(8.1.2)中的方程成立.$u(t)$是$[0,T]$上的可积函数,对几乎所有的$t\in[0,T]$,(8.1.2)中的逆拟变分不等式成立.

引理8.2.1[34]　设N是R^n中的非空紧凸集,$\phi:N\to N$是一个连续映射,那么ϕ在N中有不动点.

引理8.2.2[87]　设X是距离空间,Y是Banach空间,$P:X\rightrightarrows Y$是下半连续集值映射,有闭凸值,那么存在一个连续P的选择$g:X\to Y$.

引理8.2.3　设$F:\Omega\rightrightarrows R^m$是上半连续集值映射,有非空闭凸值.假设存在一个$\rho_F>0$,满足

$$\sup\{\|y\|:y\in F(t,x)\}\leqslant\rho_F(1+\|x\|),\quad\forall(t,x)\in\Omega,\qquad(8.2.1)$$

对任意一个$x^0\in R^n$,微分包含(DI)$\dot{x}\in F(t,x),x(0)=x^0$有Carathéodory弱解.

引理8.2.4　设$h:\Omega\times R^m\to R^m$是连续映射,$U:\Omega\rightrightarrows R^n$是闭的集值映射,对每一个常数$\eta_U>0$,

$$\sup_{u \in U(t,x)} \|u\| \leqslant (1 + \|x\|), \quad \forall\, (t,x) \in \Omega.$$

设 $v:[0,T] \rightarrow R^m$ 是一个可测函数,并且 $x:[0,T] \rightarrow R^m$ 是一个连续函数,对几乎所有的 $t \in [0,T]$,满足 $v(t) \in h(t,x(t),U(t,x(t)))$. 存在一个可测函数 $u:[0,T] \rightarrow R^n$,对几乎所有的 $t \in [0,T]$,满足 $u(t) \in U(t,x(t))$,$v(t) = h(t,x(t),u(t))$.

8.3　微分逆拟变分不等式 Carathéodory 弱解的存在性

基于引理 8.2.3 和 8.2.4,我们证明几个 Carathéodory 弱解的存在性定理.

我们首先定义一个集值映射 $F(t,x):\Omega \rightarrow 2^{R^m}$ 如下:

$$F(t,x) = \{f(t,x) + B(t,x)u : u \in \text{SIQVI}(h(\cdot),G(t,x) + F(\cdot),K(\cdot))\}.$$
$$(8.3.1)$$

(A) f,B,G 是 Ω 上的 Lipschitz 连续函数,Lipschitz 常数 $\rho_f > 0$,$\rho_B > 0$,$\rho_G > 0$.

(B) B 和 f 是 Ω 上有界的,上界是 $\sigma_B = \sup\limits_{(t,x) \in \Omega} \|B(t,x)\| < \infty$,$\sigma_f = \sup\limits_{(t,x) \in \Omega} \|f(t,x)\| < \infty$.

引理 8.3.1　设 (f,G,B) 满足 (A) 和 (B),h,$F:R^n \rightarrow R^n$ 是两个连续映射,集值映射 $K:R^n \rightarrow 2^{R^n}$ 是连续的. 假设对所有的 $q \in G(\Omega)$ 且 $G(\Omega)$ 是 Ω 上映射 G 的值域,逆拟变分不等式 $\text{SIQVI}(h(\cdot),q + F(\cdot),K(\cdot))$ 是非空的,并且存在 $\rho > 0$,使得

$$\sup\{\|u\| : u \in \text{SIQVI}(h(\cdot),q + F(\cdot),K(\cdot))\} \leqslant \rho(1 + \|q\|), \quad (8.3.2)$$

那么存在常数 $\rho_F > 0$,使得 (8.2.1) 对 F 成立,其中 F 是上半连续有闭值的 Ω.

证明　因为 f 和 G 在 Ω 上是 Lipschitz 连续的,Lipschitz 常数 $\rho_f > 0$,$\rho_G > 0$,我们得到对于所有的 $(t,x) \in \Omega$,

$$\|f(t,x)\| \leqslant \rho_f(1 + \|x\|) \quad (8.3.3)$$

和

$$\|G(t,x)\| \leqslant \rho_G(1 + \|x\|). \quad (8.3.4)$$

根据 (8.3.2),(8.3.3) 和 (8.3.4),我们知道存在 $\rho_F > 0$,使得 (8.2.1) 成立.

现在,我们证明 F 在 Ω 上的上半连续性. 我们需要证明集值映射 F 在 Ω 上是闭的. 设序列 $\{(t_n,x_n)\} \subset \Omega$ 是收敛列,收敛到 $(t_0,x_0) \in \Omega$,并且 $\{f(t_n,x_n) + B(t_n,x_n)u_n\}$ 随着 $n \rightarrow \infty$ 收敛到 $z_0 \in R^m$,其中对任意的 n,$u_n \in \text{SIQVI}(h(\cdot),G(t_n,x_n) + F(\cdot),K(\cdot))$. 所以

$$G(t_n,x_n) + F(u_n) \in K(u_n) \quad (8.3.5)$$

和

$$\langle h(u_n), y - G(t_n,x_n) - F(u_n) \rangle \geqslant 0, \quad \forall\, y \in K(u_n). \quad (8.3.6)$$

根据条件 (8.3.2),序列 $\{u_n\}$ 是有界的,所以存在收敛序列 $\{u_{n_i}\}$ 的极限是 $u_0 \in$

R^n. 因为 G 是 Ω 上 Lipschitz 连续的,F 在 R^n 上连续,K 在 R^n 上是上半连续的,由(8.3.5)有

$$G(t_0,x_0) + F(u_0) \in K(u_0).$$

K 的下半连续性意味着对任意的 $\hat{y} \in K(u_0)$,存在 $\hat{y}_n \in K(u_n)$,使得 $\hat{y}_n \to \hat{y}$. 再根据(8.3.6),我们有

$$\langle h(u_0), \hat{y} - G(t_0,x_0) - F(u_0) \rangle \geq 0, \quad \forall \hat{y} \in K(u_0).$$

因此,

$$f(t_n,x_n) + B(t_n,x_n)u_n \to z_0 = f(t_0,x_0) + B(t_0,x_0)u_0 \in F(t_0,x_0),$$

这意味着 F 在 Ω 上是闭的. 证毕.

现在,我们证明微分逆拟变分不等式(8.1.2)Carathéodory 弱解的存在性.

定理 8.3.1 设 (f,G,B) 满足条件(A)和(B),$h,F:R^n \to R^n$ 是 Lipschitz 连续的函数,其中 Lipschitz 常数是 α 和 β,h 是强单调的,单调系数是 λ,(F,h) 是 R^n 上的 $\mu-$强单调组. 假设 $K:R^n \to 2^{R^n}$ 是一个连续集值映射,使得对 $u \in R^n$,$K(u) \subset R^n$ 是闭凸集. 那么在线面的条件下,

(i)存在 $k>0$,使得 $\|P_{K(u)}z - P_{K(y)}z\| \leq k\|u-y\|$, $\forall u,y \in R^n, z \in \{e : e = q + f(u) - h(u), u \in R^n, q \in G(\Omega)\}$;

(ii)对所有 $q \in G(\Omega)$,存在 $\rho > 0$,使得(8.3.2)成立;

(iii)$(\beta^2 - 2\mu + \alpha^2)^{\frac{1}{2}} + (1 - 2\lambda + \alpha^2)^{\frac{1}{2}} < 1 - k$.

那么微分逆拟变分不等式 DIQVI(8.1.2)有 Caraathéodory 弱解.

证明 根据假设(i)和(iii),我们由[86]中的定理 4.1,得到对任意的 $q \in G(\Omega)$,解集合 SIQVI$(h(\cdot), q + F(\cdot), K(\cdot))$ 是非空单元素集合. 那么,根据引理 8.2.3 和 8.3.1,微分包含 DI:$\dot{x} \in F(t,x)$,$x(0) = x^0$ 有 Carathéodory 弱解. 类似于[31]中命题 6.1 的证明,很容易证明通过利用引理 8.2.4,微分逆拟变分不等式 DIQVI(8.1.2)有 Carathéodory 弱解.

引理 8.3.2 设 $h,F:R^n \to R^n$ 和 $P_{K(\cdot)}(q + F(\cdot) - h(\cdot))$ 在 R^n 上是连续的,对任意的 $q \in G(\Omega)$,$K:R^n \to 2^{R^n}$ 是集值映射,使得任意的 $u \in R^n$,$K(u) \subset R^n$ 是闭凸集合. 假设 N 是 R^n 上的非空紧凸集合,使得 $\phi(\cdot) = I(\cdot) - (q + F(\cdot)) + P_{K(\cdot)}(q + F(\cdot) - h(\cdot))$ 是从 N 到 N 的映射,那么逆拟变分不等式 IQVI$(h(\cdot), q + F(\cdot), K(\cdot))$ 的解集 SIQVI$(h(\cdot), q + (\cdot), K(\cdot))$ 是非空的.

证明 因为 $h,F:R^n \to R^n$ 和 $P_{K(\cdot)}(q + F(\cdot) - h(\cdot))$ 在 R^n 上连续,ϕ 在 N 上连续. 根据引理 8.2.1,映射 ϕ 在 N 上有不动点. 这说明存在 $u \in N$,使得

$$u = \phi(u) = u - (q + F(u)) + P_{K(u)}(q + F(u) - h(u)),$$

所以

$$q + F(u) = P_{K(u)}(q + F(u) - h(u)), \tag{8.3.7}$$

这说明 $q + F(u) \in K(u)$. 定义一个函数 $j:[0,1] \to R$ 如下:对 $\forall \lambda \in [0,1]$,

$$j(\lambda) = \langle \lambda(q + F(u)) + (1-\lambda)\hat{y} - (q + F(u)) + h(u),$$

$$\lambda(q + F(u)) + (1 - \lambda)\hat{y} - (q + F(u)) + h(u)\rangle,$$

式中，$\hat{y}$ 是 $K(u)$ 上给定的点. 借助(8.3.7)，j 在 $\lambda = 1$ 时取得最小值. 由 $j'(1) = 0$，有

$$\langle h(u), \hat{y} - q - F(u)\rangle \geqslant 0, \quad \forall \hat{y} \in K(u).$$

借助(8.3.7)，得到 $u \in \mathrm{SIQVI}(h(\cdot), q + F(\cdot), K(\cdot))$，解集合逆拟变分不等式 $\mathrm{IQVI}(h(\cdot), q + F(\cdot), K(\cdot))$ 的解集合 $\mathrm{SIQVI}(h(\cdot), q + F(\cdot), K(\cdot))$ 是非空的.

定理 8.3.2　设 (f, G, B) 满足条件(A)和(B)，$K : R^n \to 2^{R^n}$ 是一个连续的集值映射. 假设引理 8.3.2 中的条件成立. 如果

(i)对任意的 $q \in G(\Omega)$，$\mathrm{SIQVI}(h(\cdot), q + F(\cdot), K(\cdot))$ 是凸集；

(ii)存在 $\rho > 0$，使得对所有的 $q \in G(\Omega)$，(8.3.2)成立.

那么微分逆拟变分不等式 DIQVI(8.1.2)有 Carathéodory 弱解.

证明　根据引理 8.3.2，逆拟变分不等式的解集合 $\mathrm{SIQVI}(h(\cdot), q + F(\cdot), K(\cdot))$ 是非空的. 接下来，我们证明 $\mathrm{SIQVI}(h(\cdot), q + F(\cdot), K(\cdot))$ 是闭的. 设 $\{u_n\} \subset \mathrm{SIQVI}(h(\cdot), q + F(\cdot), K(\cdot))$，并且 $u_n \to u_0$，因此

$$q + F(u_n) \in K(u_n)$$

和

$$\langle h(u_n), y - q - F(u_n)\rangle \geqslant 0, \quad \forall y \in K(u_n).$$

因为 F 和 K 是连续的，因此

$$q + F(u_0) \in K(u_0).$$

类似于引理 8.3.1，我们得到

$$\langle h(u_0), y - q - F(u_0)\rangle \geqslant 0, \quad \forall y \in K(u_0),$$

因此 $u_0 \in \mathrm{SIQVI}(h(\cdot), q + F(\cdot), K(\cdot))$，并且 $\mathrm{SIQVI}(h(\cdot), q + F(\cdot), K(\cdot))$ 是非空闭凸集合. 由引理 8.3.1，存在常数 $\rho_F > 0$，使得(8.2.1)成立，并且 F 在 Ω 上是上半连续闭值的. 因此，利用引理 8.2.3 和 8.2.4，微分逆拟变分不等式(8.1.2)有 Carathéodory 弱解.

引理 8.3.3　设 $F : R^n \to R^n$ 是有界连续的可逆线性映射，并且 $\|F\| > c$，$K : R^n \to 2^{R^n}$ 是集值映射，满足线性增长性质，即存在常数 $c > 0$，使得

$$\sup_{v \in K(w)} \|v\| \leqslant c(1 + \|w\|), \quad \forall w \in R^n.$$

假设对所有的 $q \in G(\Omega)$，$\mathrm{SIQVI}(h(\cdot), q + F(\cdot), K(\cdot))$ 是非空的，那么存在 $\rho > 0$，使得对所有的 $q \in G(\Omega)$，(8.3.2)成立.

证明　因为对所有的 $q \in G(\Omega)$，$\mathrm{SIQVI}(h(\cdot), q + F(\cdot), K(\cdot))$ 是非空的，所以对任意的 $q \in G(\Omega)$ 和 $u \in \mathrm{SIQVI}(h(\cdot), q + F(\cdot), K(\cdot))$，我们有

$$q + F(u) \in K(u).$$

利用映射 K 有线性增长，那么

$$\|q + F(u)\| \leqslant c(1 + \|u\|), \quad \forall q \in G(\Omega),$$

则

$$\|u\| = \|F^{-1}F(u)\| \leqslant \|F^{-1}\|[c(1+\|u\|) + \|q\|].$$

因为 F 是有界线性连续映射,所以 F^{-1} 是有界的. 由条件 $\|F\| > c$,我们有

$$(1 - \|F^{-1}c\|)\|u\| \leqslant c\|F^{-1}\| + \|F^{-1}\|\|q\|, \quad \forall q \in G(\Omega),$$

这说明

$$\|u\| \leqslant \frac{\max\{c\|F^{-1}\|, \|F^{-1}\|\}}{1 - \|F^{-1}c\|}(1 + \|q\|), \quad \forall q \in G(\Omega).$$

因此对所有的 $q \in G(\Omega)$,(8.3.2)成立,并且 $\rho = \dfrac{\max\{c\|F^{-1}\|, \|F^{-1}\|\}}{1 - \|F^{-1}c\|}(1 + \|q\|)$.

8.4　微分逆拟变分不等式的 Euler 计算方法

下面我们构造一个求解微分逆拟变分不等式的 Euler 计算方法,然后通过与微分包含相关的引理,证明算法的收敛性. 我们引进所有可测函数 u,并且满足 $\int_0^T \|u(t)\|^2 dt < \infty$ 的 u 的集合,记作 $L^2[0,T]$. $L^2[0,T]$ 中的内积定义如下:

$$\langle u, v \rangle = \int_0^T \langle u(t), v(t) \rangle dt, \quad \forall u, v \in L^2[0,T].$$

设 $0 = t_0 < t_1 < \cdots < t_N = T$,步长 $l = \dfrac{T}{N}$. 令

$$x^{l,0} = x_0, \quad \{x^{l,1}, x^{l,2}, \cdots, x^{l,i}, \cdots, x^{l,N_l}\} \subset R^m,$$

同时 $\{u^{l,1}, u^{l,2}, \cdots, u^{l,i}, \cdots, u^{l,N_l}\} \subset R^n$. 对 $i = 0,1,\cdots,N_l$,我们利用如下方法迭代:

$$\begin{cases} x^{l,i+1} = l^{l,i} + l[f(t_{l,i+1}, \theta x^{l,i} + (1-\theta)x^{l,i+1}) + B(t_{l,i}, x^{l,i})u^{l,i+1}], \\ u^{l,i+1} \in \text{SIQVI}(h(\cdot), G(t_{l,i+1}, x^{l,i+1}) + F(\cdot), K(\cdot)), \end{cases}$$

$$(8.4.1)$$

式中,$N_l = \dfrac{T}{l} - 1, \theta \in [0,1], (x^{l,i+1}, u^{l,i+1})$ 满足(8.4.1). 令

$$\begin{cases} \hat{x}^l(t) = x^{l,i} + \dfrac{t - t_{l,i}}{l}(x^{l,i+1} - x^{l,i}), & \forall t \in [t_{l,i}, t_{l,i+1}], \\ \hat{u}^l(t) = u^{l,i+1}, & \forall t \in [t_{l,i}, t_{l,i+1}], \end{cases} \quad (8.4.2)$$

对 $i = 0,1,\cdots,N_l$.

下面利用如下引理,我们证明算法的收敛性.

引理 8.4.1　设 (f,B,G) 满足条件(A)和(B),$K: R^n \to 2^{R^n}$ 是 R^n 上的下半连续集值映射,有非空闭凸值,$F: L^2[0,T] \to L^2[0,T]$ 是连续的. 假设 $x \in C([0,T]; R^m)$ 是连续向量函数. 如果对所有的 $t \in [0,T], u \in L^2[0,T]$ 满足 $G(t, x(t)) + F(u(t)) \in K(u(t))$,以及

$$\int_0^T \langle h(u(t)), \tilde{u}(t) - G(t,x(t)) - F(u(t)) \rangle dt \geqslant 0, \forall \tilde{u} \in L^2([0,T]; K(u(t))),$$

$$(8.4.3)$$

那么对所有的 $t \in [0,T], u(t) \in \mathrm{SIQVI}(h(\cdot), G(t,x(t)) + F(\cdot), K(\cdot))$.

证明　我们采用反证法来证明. 假设结论不成立, 那么存在 $[0,T]$ 的子集 E, 满足 $m(E) > 0$(这里 $m(E)$ 表示 E 的 Lebesgue 测度), 使得对任意的 $t \in E$,
$$u(t) \notin \mathrm{SIQVI}(h(\cdot), G(t,x(t)) + F(\cdot), K(\cdot)).$$

利用 Lusin 定理, 对任意 $\xi > 0$, 存在 E 的闭子集 E_1, 满足 $m(E \backslash E_1) < \xi$, 使得 $u(t)$ 在 E_1 上是连续的. 因此, 对任意的 $\varepsilon > 0$, 存在 $t_0 \in E_1$ 和 t_0 的邻域 $U(t_0)$, 使得 $\|u(t) - u(t_0)\| < \varepsilon$, 对所有的 $t \in U(t_0) \cap E_1$, 满足 $m(U(t_0) \cap E_1) > 0$. 因为 $t_0 \in E_1$, 那么存在 $\bar{u}_0 \in K(u(t_0))$, 使得
$$\langle h(u(t_0)), \bar{u} - G(t_0, x(t_0)) - F(u(t_0)) \rangle = -C < 0. \tag{8.4.4}$$

设
$$\widetilde{S}(u) = \begin{cases} \bar{u}_0, & u = u(t_0), \\ K(u), & u \neq u(t_0). \end{cases} \tag{8.4.5}$$

因为 K 是 R^n 上的下半连续集值映射, 有非空闭凸值, $\bar{u}_0 \in K(u(t_0))$, 所以 $\widetilde{S}$ 是 R^n 上的下半连续的有非空闭凸值. 利用引理 8.2.2, 我们知道存在 $\widetilde{S}$ 的一个连续选择 H. 因此, $H(u(t_0)) = \bar{u}_0$ 和 $H(u(t))$ 在 $U(t_0) \cap E_1$ 上连续. 设
$$g(t) = \langle h(u(t)), H(u(t)) - G(t,x(t)) + F(u(t)) \rangle,$$
在 $U(t_0) \cap E_1$ 上连续. 由 (8.4.4) 知, $g(t_0) = -C < 0$. g 的连续性意味着存在 t_0 的一个闭的邻域 $U(t_0, \delta)$, 使得对所有的 $t \in E_2 = U(t_0, \delta) \cap E_1$, 满足 $m(E_2) > 0$,
$$\|g(t) - g(t_0)\| \leqslant \frac{C}{2}.$$

因此
$$g(t) \leqslant g(t_0) + \frac{C}{2} = -\frac{C}{2}, \quad \forall\, t \in E_2$$
和
$$\int_{E_2} \langle h(u(t)), H(u(t)) - G(t,x(t)) - F(u(t)) \rangle \mathrm{d}t = \int_{E_2} g(t) \mathrm{d}t < 0.$$

设
$$\tilde{u}(t) = \begin{cases} H(u(t)), & t \in E_2, \\ G(t,x(t)) + F(u(t)), & t \in [0,T] \backslash E_2. \end{cases} \tag{8.4.6}$$

显然 $\tilde{u} \in L^2([0,T], K(u(t)))$. 因此我们有
$$\int_0^T \langle h(u(t)), \tilde{u}(t) - G(t,x(t)) - F(u(t)) \rangle \mathrm{d}t$$
$$= \int_{E_2} \langle h(u(t)), H(u(t)) - G(t,x(t)) - F(u(t)) \rangle \mathrm{d}t$$
$$+ \int_{[0,T] \backslash E_2} \langle h(u(t)), G(t,x(t)) + F(u(t)) - G(t,x(t)) - F(u(t)) \rangle \mathrm{d}t$$
$$= \int_{E_2} \langle h(u(t)), H(u(t)) - G(t,x(t)) - F(u(t)) \rangle \mathrm{d}t$$

<0,

这与(8.4.3)矛盾.

定理 8.4.1 设(f,B,G)满足条件(A)和(B),$h:R^n \to R^n$ 是 R^n 上的连续有界函数,$K:R^n \to 2^{R^n}$ 是 R^n 上的连续集值映射,有非空闭凸值,并且 K 有线性增长. 假设对任意的 $q \in G(\Omega)$,$\text{SIQVI}(h(\cdot),q+F(\cdot),K(\cdot)) \neq \varnothing$,存在常数 $\rho > 0$,使得(8.3.2)成立,那么每一个定义(8.4.2)中的序列对$\{\hat{x}^l, \hat{u}^l\}$有子序列$\{\hat{x}^{l_v}, \hat{u}^{l_v}\}$,使得在$L^2([0,T])$中,$\hat{x}^{l_v}$一致收敛到$\tilde{x}$,$\hat{u}^{l_v}$弱收敛到$\bar{u}$. 进一步假设 g 是函数,使得$g(u_n) \in K(u_n)$,$g(u_n)$一致收敛到$g(u)$,u_n弱收敛到u,那么 $g(u) \in K(u)$. 假设$F(u) = \psi(Eu)$,其中 $\psi:R^n \to R^n$ 是 Lipschitz 连续有界的,并且存在常数 $C > 0$,使得对充分小的 $l > 0$,

$$\|Eu^{l,i+1} - Eu^{l,i}\| \leqslant lC. \tag{8.4.7}$$

那么$(\tilde{x}, \bar{u})$是微分逆拟变分不等式(8.1.2)的 Carathéodory 弱解.

证明 因为(f,B,G)满足(A)和(B),并且存在常数 $\rho > 0$,使得(8.3.2)成立,借助[31]中的引理 7.2,我们得到存在 $0 < h_0 < \min\{\frac{1}{(1-\theta)L_f}, \frac{1}{(1-\theta)\rho_f}\}$,使得对充分小的 $l \in (0, h_0]$,

$$\|x^{l,i+1} - x^{l,i}\| \leqslant \frac{l\rho_f(1 + \|x^{l,i}\| + l\sigma_B\|u^{l,i+1}\|)}{1 - l(1-\theta)\rho_f}, \tag{8.4.8}$$

式中,对于所有的 $t \in [0,T]$,L_f 是 $f(t,\cdot)$ 的 Lipschitz 常数. 并且根据[31]中的引理 7.3 可知,存在常数 $c_{0,x}, c_{1,x}, c_{0,u}, c_{1,u}$ 和常数 $l_1 > 0$,使得对任意 $l \in (0, l_1]$ 和 $i = 0,1,\cdots,N_l$,

$$\begin{cases} \|x^{l,i+1}\| \leqslant c_{0,x} + c_{1,x}\|x_0\|, \\ \|u^{l,i+1}\| \leqslant c_{0,u} + c_{1,u}\|x_0\|. \end{cases} \tag{8.4.9}$$

结合(8.4.8)和(8.4.9),我们知道存在 $L_{x_0} > 0$,独立于 l 但依赖于 x_0,使得

$$\|x^{l,i+1} - x^{l,i}\| \leqslant L_{x_0}l.$$

根据(8.4.2),我们知道 $\hat{x}^l$ 是 Lipschitz 连续的,并且 Lipschitz 常数独立于 l. 因此存在 $h_0 > 0$,使得对所有的 $l \in (0, h_0]$,$\{\hat{x}^l\}$ 是等度连续的. 设

$$\|\hat{x}^l\|_{L_\infty} = \sup_{t \in [0,T]} \|\hat{x}^l(t)\|.$$

根据 Arzelá-Ascoli 定理,我们知道存在$\{\hat{x}^l\}$的子列$\{\hat{x}^{l_v}\}$,使得$\{\hat{x}^{l_v}\}$按 L_∞ 范数在$[0,T]$上收敛到$\tilde{x}$. 另外,根据(8.3.2),我们知道$\{\hat{u}^l\}$按照 L_∞ 范数是一致有界的. 因此,自反 Banach 空间 $L^2([0,T])$ 存在$\{\hat{u}^l\}$的一个序列$\{\hat{u}^{l_v}\}$弱收敛到$\bar{u}$.

下面我们证明$(\tilde{x}, \bar{u})$是 Carathéodory 弱解. 根据弱解的定义,我们只需要证明如下的结果:

(Ⅰ)证明对几乎所有的 $t \in [0,T]$,

$$\bar{u}(t) \in \text{SIQVI}(h(\cdot), G(t, x(t)) + \psi(E(\cdot)), K(\cdot)).$$

根据[31]中的定理 7.1,很容易得到序列$\{G(t, \hat{x}^{l_v}) + \psi(E\hat{u}^{l_v})\} \subset K(\hat{u}^{l_v})$一致

收敛到 $G(t,\widetilde{x})+\psi(E\bar{u})$，因此根据假设，我们有 $G(t,\widetilde{x})+\psi(E\bar{u})\in K(\bar{u})$. 并且对任意的 $y\in L^2([0,t],K(\bar{u}(t)))$，存在 $y^{l_v}(t)\in K(\hat{u}^{l_v}(t))$，使得 $y^{l_v}(t)\to y(t)$. 因为 K 有线性增长，那么存在 $c>0$，使得对任意的 $u\in R^n$，有

$$\|K(u)\|=\sup_{v\in K(u)}\|v\|\leqslant c(1+\|u\|).$$

因此，对所有的 $y^{l_v}(t)\in K(\hat{u}^{l_v}(t))$，我们得到

$$\|y^{l_v}(t)\|\leqslant c(1+\|u^{l_v}(t)\|),$$

这说明根据 $\{\hat{u}^l\}$ 按 L_∞ 范数收敛，$\{y^{l_v}\}$ 按 L_∞ 范数是一致有界的. 因为 h,ψ 是有界的，根据 Lebsgue 控制收敛定理，任意的 $y(t)\in K(\bar{u}(t))$，

$$\int_0^T\langle h(\bar{u}(t)),y(t)-G(t,\widetilde{x}(t))-\psi(E\bar{u}(t))\rangle\mathrm{d}t$$

$$=\lim_{v\to\infty}\int\langle h(\bar{u}^{l_v}(t)),y^{l_v}(t)-G(t,\hat{x}^{l_v}(t))-\psi(E\hat{u}(t))\rangle\mathrm{d}t,\quad(8.4.10)$$

式中，$y^{l_v}(t)\in K(u^{l_v}(t))$.

另外，对任意的 $y^l\in L^2([0,T],K(\hat{u}^l(t)))$，我们有

$$\int_0^T\langle h(\hat{u}^l(t)),y^l(t)-G(t,\hat{x}^l(t))-\psi(E\hat{u}^l(t))\rangle\mathrm{d}t$$

$$=\sum_{i=0}^{N_l}\int_{t_{l,i}}^{t_{l,i+1}}\langle h(u^{l,i+1}),y^l(t)-G(t,\hat{x}^l(t))-\psi(Eu^{l,i+1})\rangle\mathrm{d}t$$

$$=\sum_{i=0}^{N_l}\int_{t_{l,i}}^{t_{l,i+1}}\langle h(u^{l,i+1}),y^l(t)-G(t_{l,i+1},x^{l,i+1})-\psi(Eu^{l,i+1})\rangle\mathrm{d}t$$

$$+\sum_{i=0}^{N_l}\int_{t_{l,i}}^{t_{l,i+1}}\langle h(u^{l,i+1}),G(t_{l,i+1},x^{l,i+1})-G(t,\hat{x}^h(t))\rangle\mathrm{d}t$$

$$\geqslant l\sum_{i=0}^{N_l}\frac{1}{l}\int_{t_{l,i}}^{t_{l,i+1}}\langle h(u^{l,i+1}),y^l(t)-G(t_{l,i+1},x^{l,i+1})-\psi(Eu^{l,i+1})\rangle\mathrm{d}t$$

$$-Tl^2\rho_G\|h\|(1+L_{x_0})\|\hat{u}^l\|_{L^\infty}.\qquad(8.4.11)$$

因为 K 是连续的集值映射，有非空闭凸值，容易得到

$$\frac{1}{l}\int_{t_{l,i}}^{t_{l,i+1}}y^l(t)\mathrm{d}t\in K(u^{l,i+1}),$$

考虑到 $u^{l,i+1}\in\mathrm{SIQVI}(h(\bm{\cdot}),G(t_{l,i+1},x^{l,i+1})+\psi(E(\bm{\cdot})),K(\bm{\cdot}))$ 和 (8.4.11)，我们有对任意的 $y^l\in L^2([0,T],K(\hat{u}^l(t)))$，

$$\lim_{l\to0}\int_0^T\langle h(\hat{u}^l(t)),y^l(t)-G(t,\hat{x}^l(t))-\psi(E\hat{u}^l(t)),\hat{u}^l(t)\rangle\mathrm{d}t\geqslant0.$$

$$(8.4.12)$$

根据 (8.4.10) 和 (8.4.12)，我们知道对任意的 $y\in L^2([0,T],K(\bar{u}(t)))$，

$$\int_0^T\langle h(\bar{u}(t)),y(t)-G(t,\widetilde{x}(t))-\psi(E\bar{u}(t))\rangle\mathrm{d}t\geqslant0.$$

利用引理 8.4.1，我们有对几乎所有的 $t\in[0,T]$，

$$\bar{u}\in\mathrm{SIQVI}(h(\bm{\cdot}),G(t,x(t))+\psi(E(\bm{\cdot})),K(\bm{\cdot})).$$

（Ⅱ）证明 $\tilde{x}(0)=x_0$. 事实上，因为 $\hat{x}^l(0)=x_0$ 对所有充分小的 $l>0$ 和 $\hat{x}^{l_v}$ 一致收敛到 $\tilde{x}$，易知 $\tilde{x}(0)=x_0$.

（Ⅲ）证明对任意的 $0 \leqslant s \leqslant t \leqslant T$，

$$\tilde{x}(t) - \tilde{x}(s) = \int_s^t \left[f(\tau, \tilde{x}(\tau)) + B(\tau, \tilde{x}(\tau)) \bar{u}(\tau) \right] \mathrm{d}\tau,$$

这可以根据[31]中的定理 7.1 直接得到.

参考文献

[1]Ang D D, Schmitt K, Vy L K. Noncoercive variational inequalities: Some applications[J]. Nonlinear Anal. ,1990, 15:497-512.

[2]Tobin R L. Sensitivity analysis for variational inequalities[J]. J. Optim. Theory Appl. ,1996,48:191-209.

[3]Noor M A. Some developments in general variational inequalities[J]. Appl. Math. Comput. ,2004, 152 (1):199-277.

[4]Ohthkate K. Analysis of certain unilateral problem in vonkarman plate theory by a penalty method-part-I:a variational principal with penalty[J]. Compute and Meth. Appl. Meth and engng,1980, 24:187-203.

[5]Brenan K E, Campbell S L, Petzold L R. Numerical solution of initial-value problems in differential algebraic equations [M]. Philadelphia: SIAM Publications Classics in Applied Mathematicals, 1996.

[6]Petzold L R, Ascher U M. Computer methods for ordinary differential equations and differential-algebraic equations[M]. Philadelphia:SIAM Publications,1998.

[7]Ferris M C, Mangasarian O L, Pang J S. Complementarity: applications, algorithms and extensions[M]. Kluwer Academic Publishers,2001.

[8]Ferris M C, Pang J S. Complementarity and variational problems: state of the art[M]. Philadelphia:SIAM Publications,1997.

[9]Chau O, Fernández J R. Variational and numerical analysis of a quasistatic viscoelastic contact problem with adhesion[J]. Journal of Computational and Applied Mathematics,2003,159:431-465.

[10]Gwinner J. Three-Field moldelling of nonlinear nonsmooth boundary value problems and stability of differential mixed variational inequalities[J]. Abstract and Applied Analysis, 2013,2013:173-186.

[11]Han W, Shillorb M, Sofoneac M. Variational and numerical analysis of a quasistatic viscoelastic problem with normal compliance, friction and damage [J].J. Comput. Appl. Math. ,2001,137:377-398.

[12]Amassad A, Kuttler K L. Quasi-static thermoviscoelastic contact problem with slip dependent friction coefficient[J]. Mathematical and Computer Modelling,

2002,36:839-854.

[13] Li Y, Liu Z. A quasistatic contact problem for viscoelastic materials with friction and damage[J]. Nonlinear Analysis,2010,73:2221-2229.

[14] Campo M, Fernández J R, Han W, et al. A dynamic viscoelastic contact problem with normal compliance and damage[J]. Finite Elements in Analysis and Design,2005,42:1-24.

[15] Andrews K T, Kuttler K L, Rochdi M, et al. One-dimentional dynamic thermoviscoelastic contact with damage[J]. J. Math. Anal. Appl. ,2002,272:249-275.

[16] Duvaut G, Lions J L. Inequalities in Mechanics and Physics[M]. Berlin: Springer-Verlag,1976.

[17] Brezis H. Equations et inéquations non linéaires dans les espaces vectoriels en dualité[J]. Ann. Inst. Fourier, 1968,18:115-175.

[18] Ciarlet P G. The Finite Element Method for Elliptic Problems[M]. Amsterdam:North-Holland,1978.

[19] Shillor M. Quasistatic problems in contact mechanics[J]. Intl. J. Appl. Math. Comput. Sci. ,2001, 1:189-204.

[20] Shillor M, Sofonea M. Analysis of a quasistatic viscoelastic problem with friction and damage[J]. Adv. Math. Sci. Appl. ,2000,10:173-189.

[21] Cocou M, Scarella G. Analysis of a class of dynamic unilateral contact problems with friction for viscoelastic bodies[J]. Applied and Computational Mechanics,2006,27:137-144.

[22] Han W, Sofonea M. Evolutionary variational inequalities arising in viscoelastic contact problems[J]. SIAM J. Numer. Anal. ,2000,38:556-579.

[23] Han W, Sofonea M. Quasistatic contact problems in viscoelasticity and viscoplasticity[M]. Providence:American Mathematical Society,2002.

[24] Xiao Y B, Huang N J. A class of generlized evolution variational inequalities in Banach spaces[J]. Appl. Math. Lett. ,2012,25:914-920.

[25] Chau O, Motreanu D, Sofonea M. Quasistatic frictional problems for elastic and viscoelastic materials[J]. Appl. Math. ,2002,4:341-360.

[26] Campo M, Fernández J R, Kuttler K L, et al. Quasistatic evolution of damage in an elastic body: numerical analysis and computational experiments[J]. Applied Numerical Mathematics,2007,57:975-988.

[27] Aubin J P, Cellina A. Differential Inclusions[M]. New York:Springer,1984.

[28] Chau O, Han W, Sofonea M. Analysis and approximation of a viscoelastic contact problem with slip dependent friction[J]. Dyn. Con. Discrete Impulsive sys. Ser. B,2001,8:143-164.

[29]Rochdi M, Shillor M, Sofonea M. Quasistatic viscoelastic contact with normal compliance and friction[J]. J. Elasticity,1998,51:105-126.

[30]Han W, Sofonea M. Time-dependent variational inequalities for viscoelastic contact problems[J]. Journal of Computational and Applied Mathematics, 2001,136:369-387.

[31]Pang J S, Stewart D. Differential variational inequalities[J]. Math. Program. Ser. A,2008,113:345-424.

[32]Aubin J P, Cellina A. Differential Inclusions[M]. New York:Springer, 1984.

[33]Brogliato B, Daniliidis A, Lemaréchal C, et al. On the equivalence between complementarity systems, projected systems and differential inclusions[J]. Systems and Control Letters, 2006,55:45-51.

[34]Brogliato B, Goeleven D. Well-posedness, stability and invariance results for a class of multivalued Lur'e dynamical systems[J]. Nonlinear Analysis, 2011, 74:195-212.

[35]Brogliato B, Heemels W P M H. Observer design for Lur'e systems with multivalued mappings: a passivity approach [J]. IEEE Transactions on Automatic Control, 2009,54:1996-2001.

[36]Brogliato B, Thibault L. Existence and uniqueness of solutions for non-autonomous complementarity dynamical systems [J]. Journal of Convex Analysis, 2010,17:3-4.

[37]Camlibel M K, Iannelli L, Vasca F. Passivity and complementarity[J]. Math. Program. Ser. A, 2014,145:531-563.

[38]Camlbel M K, Heemels W P M H, Schumacher J M. Consistency of a time-stepping method for a class of piecewise-linear networks[J]. IEEE Trans. Circuits Systems I Fund. Theory Appl. , 2002,49:349-357.

[39]Camlbel M K, Heemels W P M H, Schumacher J M. On linear passive complementarity systems[J]. Eur. J. Control, 2002,8:220-237.

[40]Górniewicz L. Topological Fixed Point Theory of Multivalued Mappings[M]. Dordrecht:Kluwer Academic Publishers,1999.

[41]Han L S, Pang J S. Non-zenoness of a class of differential quasi-variational inequalities[J]. Math. Program. Ser. A, 2010,121:171-199.

[42]Heemels W P M H, Schumacher J M, Weiland S. Linear complementarity systems[J]. SIAM J. Appl. Math. , 2000,60:1234-1269.

[43]Heemels W P M H, Schumacher J M, Weiland S. Projected dynamical systems in a complementarity formalism[J]. Oper. Res. Lett. , 2000,27:83-91.

[44]Li X S, Huang N J, O'Regan D. Differential mixed variational inqualities in

finite dimensional spaces[J]. Nonlinear Anal,2010,72:3875-3886.

[45] Mandelbaum A. The dynamic complementarity problem [J]. Unpublished Manuscript,1989.

[46] Pang J S, Shen J. Strongly regular differential variational systems[J]. IEEE Trans. Automat. Control, 2007,52:242-255.

[47] Song P, Pang J S, Kumar V. Semi-implicit time-stepping models for frictional compliant contact problems[J]. Int. J. Numer. Methods Eng. , 2004,60:2231-2261.

[48] Stewart D E. Uniqueness for index-one differential variational inequalities[J]. Nonlinear Anal. Hybrid Syst, 2008,2:812-818.

[49] Raghunathan A U, Pérez-Correa J R, Agosin E, et al. Parameter estimation in metabolic flux balance models for batch fermentation—formulation and solution using differential variational inequalities[J]. Ann. Oper. Res. ,2006, 148:251-270.

[50] Rudin W. Real and Complex Analysis [M]. New York: Mcgraw-Hill Book Comp. , 1974.

[51] Acary V, Rogliato B, Goeleven D. Higher oder Moreau's seeping process: Mathematical formulation and numerical simulation[J]. Math. Program. Ser. A, 2008,113:133-217.

[52] Alber Y. The regularization method for variational inequalities with nonsmooth unbounded operator in Banach space[J]. Appl. Math. Lett. , 1993,64:63-68.

[53] Baiocchi C, Capelo A. Variational and Quasi-Variational Inequalities, Application to Free Boundary Problems[M]. New York/London:Wiley,1984.

[54] Facchinei F, Pang J S. Finite-Dimensional Variational Inequalities and Complementarity Problems [M]. Springer Series in Operations Research, Springer-Verlag, 2003.

[55] Gavrea B I, Anitescu M, Potra F A. Convergence of a class of semi-implicit time-stepping schemes for nonsmooth rigid multib X. S23 ody dynamic[J]. SIAM J. Optim. ,2008,19:969-1001.

[56] Glowinski R, Lions J L, Tremolieres R. Numerical Analysis of Variational Inequalities[M]. Amsterdam:North-Holland,1981.

[57] Harker P T, Pang J S. Finite-dimensional Variational Inequality and nonlinear complementarity problems: a survey of theory, algorithms and applications [J]. Math. Program. Ser. B,1990,48:161-220.

[58] He B S, Liu H X. Inverse variational inequalities in economics-applications and algorithms[R]. Sciencepaper Online, 2006.

［59］He B S，Liu H X，Li M，et al. PPA-based methods for monotone inverse variational inequalities［R］. Sciencepaper Online，2006.

［60］He B S，He X Z，Liu H X. Solving a class of constrained black-box inverse variational inequalities［J］. Eur. J. Oper. Res. ，2010,204:391-401.

［61］He X Z，Liu H X. Inverse variational inequalities with projection-based solution methods［J］. Eur. J. Oper. Res. ，2011,208:12-18.

［62］Hu R，Fang Y P. Levitin-Polyak well-posedness by perturbations of inverse variational inequalities［J］. Optim. Lett. ,2013,7:343-359.

［63］Hu R，Fang Y P. Well-posedness of inverse variational inequalities［J］. J. Convex Anal. ,2008,15:427-437.

［64］Konnov I V，Volotskaya E O. Mixed variational inequalities and economic equilibrium problems［J］. J. Appl. Math. ，2002,2:289-314.

［65］Li X，Li X S，Huang N J. A generalized f-projection algorithm for inverse mixed variational inequalities［J］. Optim. Lett. ,2014,8:1063-1076.

［66］Lions J L. Quelques Méthodes de Résolution des Problemés aux Limites Non Linéaires［M］. Paris:Dunod，Gauthier-Villars，1969.

［67］Chen X J. Convergence of regularized time-stepping methods for differential variational inequalities［J］. SIAM J. Optim. ,2013,3:1647-1671.

［68］Scrimali L. An inverse variational inequality approach to the evolutionary spatial price equilibrium problem［J］. Optim. Eng. ，2012,13:375-387.

［69］Stewart D E. Convergence of a time-stepping scheme for rigid body dynamics and resolution of painlevé's problem［J］. Arch. Ration. Mech. Anal. ,1998,145:215-260.

［70］Wu K Q，Huang N J. The generalized f-projection operator and set-valued variational inequalities in Banach spaces［J］. Nonlinear Anal. ，2009，71: 2481-2490.

［71］Yang J. Dynamic power price problem:an inverse variational inequality approach［J］. J. Ind. Manag. Optim. ，2008,4:673-684.

［72］Yao J C. Multi-valued variational inequalities with K-pseudomonotone operators［J］. J. Optim. Theory Appl. ,1994,83:391-403.

［73］Brogliato B. Someperspectives on analysis and control of complementry systems［J］. IEEE Trans. Automat. Control,2003,48:918-935.

［74］Camlibel M K，Pang J S，Shen J. Lyapunov stability of complementarity and extended systems［J］. SIAM J. Optim. ,2006,17:1056-1101.

［75］Han L，Tiwari A，Camlibel M K,et al. Convergence of time-stepping schemes for passive and extended linear complementrity systems［J］. SIAM J. Numer.

Anal. , 2009,47:3768-3796.

[76]Wang X, Huang N J. A class of differential vector variational inequalities in finite-dimensional spaces[J]. J. Optim. Theory Appl. ,2014,162(2):633-648.

[77]Wang X, Li W, Li X S, et al. Stability for differential mixed variational inequalities[J]. Optim. Lett. , 2014,8(6):1873-1887.

[78]Wang X, Huang N J. Differential vector variational inequalities in finite-dimensional spaces[J]. J. Optim. Theory Appl. ,2012,158:109-129.

[79]He B S, He X Z, Liu H X. Sloving a class of constrained "blak-box" inverse variational inequalities[J]. Eur. J. Oper. Res. ,2010,204:391-401.

[80] Kuratowski K. Topology, Vols 1 and 2 [M]. New York: Academic Press, 1968.

[81]Hokkanen V M, Morosanu G. Functional Methods in Differential Equations [M]. New York:Chapman and Hall/CRC, 2002.

[82] Serfaty S. Functional Analysis Notes Fall [M]. New York: Yevgeny Vilensky, 2004.

[83] Ekeland I, Témam R. Convex Analysis and Variational Problems [M]. Philadephia:Society for Industrial and Applied Mathematics,1999.

[84]Li W, Wang X, Huang N J. Differential inverse variational inequalities in finite dimensional spaces[J]. Acta Math. Sci. , 2015, 35B:407-422.

[85]Li X, Zou Y Z. Existence result and error bounds for a new class of inverse mixed quasi-variational inequalities [J]. Journal of Inequalities and Applications, 2016,1:1-13.

[86] Aubin J P, Frankowska H. Set-Valued Analysis [M]. Boston: Birkhäuser,1990.

[87] Barbagallo A, Mauro P. Inverse variational inequality approach and applications[J]. Numerical Functional Analysis and Optimization, 2014, 35: 851-867.

[88]Han Y, Huang N J, Lu J,et al. Existence and stability of solutions for inverse variational inequality problems[J]. Appl. Math. Mech. (English Ed.), 2017, 38:749-764.

致　谢

感谢我的恩师黄教授和郭教授,在你们的指导下,我进入数学领域,开始了相关的研究. 在学习过程中,我得到两位老师的悉心指导和帮助. 两位老师严谨的治学态度,深厚的学术造诣,使我受益匪浅. 两位老师高尚的人格品质是我一生学习的榜样.

感谢我的父母的养育之恩,以及你们尽最大能力给予我接受良好教育的机会. 你们身上坚毅的品质将在一生中激励我前行. 感谢年少时期,大伯、姑姑、舅舅在求学路上给予我的帮助与鼓励! 感谢我的爱人给予我的帮助与照顾! 感谢公公婆婆的理解和支持! 感谢儿子叶一瑾,你的出现及健康成长激励我前行,你对学习的认真努力,也影响着我,希望你成为一个有梦想,并且快乐逐梦的少年!